AF358415

PRÉDICATIONS
AGRICOLES.

PREMIÈRE PRÉDICATION.

Typ. et Stér. HUMBERT. — Mirecourt.

PRÉDICATIONS AGRICOLES

DESTINÉES A GUIDER

LES INSTITUTEURS ET LES PRATICIENS INSTRUITS

DANS L'ENSEIGNEMENT DE L'AGRICULTURE,

A L'ÉCOLE, A LA VEILLÉE ET DANS LES CONFÉRENCES INSTITUÉES
AU VILLAGE.

PREMIÈRE PRÉDICATION.

L'EXPLOITATION AGRICOLE

AU POINT DE VUE

DE TOUS LES MODES DE FERTILISATION DES TERRES,

ET DEUX COURS GRADUÉS D'AGRICULTURE DE L'ENFANCE,

EN 5,000 PRÉCEPTES D'UNE A TROIS LIGNES,

PAR J.-E. DEFRANOUX,

Ancien Président de la Société d'Émulation du Jura, & Membre de celle des Vosges.

> Pour susciter le progrès agricole, indiquons tout moyen de féconder la terre ; agissons par l'enfance sur les pratiques routinières des autres âges ; moralisons, en passant, et surtout, après avoir puisé nos enseignements aux meilleures sources, exprimons-nous en clairs et courts préceptes qui puissent être lus avec attrait, et pénétrer comme des pointes dans les intelligences.

PARIS,

HUMBERT, LIBRAIRE-ÉDITEUR,

Rue Bonaparte, 45, et rue Sainte-Marguerite, 30.

1861.

AU LABOUREUR.

Religieux, moral et laborieux, tu es, cher laboureur, l'homme fort et heureux appelé par la sagesse antique, *un esprit sain dans un corps robuste*.

Religieux et moral par des rapports de chaque instant soit avec le pasteur, soit avec la magnifique nature qui l'environne, tu nourris les pensées les plus droites et les plus pures.

Robuste par l'air que tu respires, par la rudesse de ta vie, et par le calme de ton âme, tu accomplis un énorme travail.

Cette santé et cette force du corps et de l'esprit te font paisiblement traverser cette vie.

Elles te procurent les biens qui valent le plus la peine d'être poursuivis.

En effet, tu ne connais pas les exaltations et les caprices d'imagination qui oblitèrent les idées et égarent l'esprit.

Ta pensée, toujours nette, gagne en justesse et en profondeur ce qu'elle n'a pas en étendue.

Tu ne connais que ton horizon.

Mais cet horizon est moins borné qu'on ne le pense.

Sous l'apparence d'une simplicité extrême, il y a en toi des aperçus qui étonnent,

Il y a une science d'intuition qui émerveille.

Il y a une exactitude de jugement supérieure à celle des hommes qui ont pâli sur les livres.

Il y a une fine bonhomie qui charme.

Fort dans ta santé, gardé par ton esprit, et grand dans le champ où tu sèmes nos destinées alimentaires, tu es encore plus digne d'observation, au foyer domestique.

A peine échappé à la loi du recrutement, ou sorti de l'armée, tu choisis une compagne.

Les labeurs et les soins commencent aussitôt.

Vous unissez vos âmes et vos forces.

Bientôt mûris par le travail, vous acquérez l'expérience.

De nombreux enfants viennent prendre place à votre table; et Dieu en soit béni !

Oui qu'il en soit béni, car votre famille ne peut être trop nombreuse.

Elle vous aide à enfouir au sein du sol, le grain dont, sous forme de germe, sort la civilisation.

C'est à sa tête que, le matin et le soir, vous priez votre Dieu avec le plus d'ardeur.

C'est elle qui rend vos joies si intimes et si pures.

C'est elle qui rend vos peines si légères.

Elle grandit à l'ombre de votre foi et de vos exemples.

Aussi est-ce là que Dieu place le sentiment conservateur des sociétés humaines.

Il y met tout respect.

Respect des chefs de la famille, du pasteur, de la propriété et de l'ordre public.

Il y met le valet à votre table, pour que, reconnaissant d'être traité en homme, et édifié par vos vertus, il se prépare à devenir, à son tour, un bon maître et un bon père.

En vérité, on ne rend l'homme tout à fait digne qu'en l'honorant.

Comme tu le vois, vous valez beaucoup.

Mais vous pouvez bien mieux valoir encore.

A la veillée, lisez les livres agricoles où, pour mieux pénétrer dans les intelligences, la science s'est faite toute petite et lumineuse; et, de la sorte, formez avec de bons

voisins, un petit comice qui primera celui qui ne publie
rien.

Que de choses vous apprendrez ensemble devant l'enfance qui pourra profiter de plus d'un entretien!

Mais, me répondras-tu, parce que je connais le gros
de la partie mécanique de mon art, je crois ne rien avoir
à apprendre.

Dans le désir de joindre les deux bouts, ou, comme
vous dites, dans ma cupidité, je redoute les mécomptes.

Dans mon indigence, je ne puis faire d'avances.

Dans ma méfiance, je ne veux pas entendre parler de
changement.

J'imite, dans ma marche, à mon sens, la plus sûre,
le pas tranquille et lent des animaux qui ouvrent devant
moi la terre.

Habitué aux pratiques de mes ancêtres, je n'en vois
pas de meilleures.

Conjuré de les abandonner, je ne me rends qu'après
avoir acquis, pour ainsi dire, par le toucher, la certitude des avantages des nouvelles méthodes.

En conséquence, ne faites pas, pour m'instruire, des
livres élémentaires.

Ils en disent trop ou pas assez.

Ils se composent de paragraphes si longs, et à phrases
si entortillées, qu'arrivé à la fin, j'ai oublié le commencement.

Au reste, je n'aurai pas le temps de les lire.

Contentez-vous d'opérer sous mes yeux.

Que l'exemple soit mon seul professeur!

En effet, je ne croirai jamais le creuset du chimiste
capable de remplacer le vaste laboratoire des champs.

Vous voyant réussir, je vous imiterai; et quand j'en
serai là, je me verrai imité, à mon tour, par les voisins.

Démonstratifs de leur nature, les faits déterminent la
confiance; et au reste, m'est avis que la plupart des
beaux diseurs en la matière ont causé la ruine des paysans
qui les ont écoutés.

Appliqué au livre qui n'admet comme excellent que ce

qu'il dit, ton raisonnement, cher laboureur, peut être juste.

Mais à propos du vaste et capital sujet de la fertilisation des terres, je te propose un livre où ne sera aucun des graves inconvénients que tu redoutes.

Il est formé de milliers de préceptes puisés par moi aux sources à raison ou à tort réputées les meilleures.

Ces préceptes, je te les livre pour ce qu'ils peuvent valoir.

Trop peu certain d'être infaillible, je ne t'en impose aucun.

Examine, compare, loue ou critique, en toute liberté.

Adopte après essai, ou rejette sans avoir essayé, et ainsi averti, ne viens, plus tard, ne me reprocher-aucun mécompte.

En effet, j'ai simplement voulu ceci :

Te présenter, réduit à sa plus simple et à sa plus compréhensible expression, tout ce que j'ai, soit vu dans l'enseignement des maîtres, soit observé moi-même, en fait de modes de fertilisation des terres.

A l'aide de données courtes, substantielles, et susceptibles de se graver profondément dans la mémoire, te préparer à étudier, sans trop de difficulté, les œuvres agricoles les plus sérieuses.

T'épargner l'ennui de longues recherches, et des achats de livres.

Te révéler ce que la science peut ou croit pouvoir pour le progrès de l'agriculture.

Te montrer que la vérité agricole est entre deux opinions, l'une favorable, et l'autre défavorable aux agronomes de cabinet ou de laboratoire de chimie.

Te mettre à même, là où tu crois la science capable d'être un flambeau, d'instruire la famille et les voisins.

Te prouver qu'elle ne perche pas sur un mont escarpé entièrement inaccessible.

Te garantir contre tout engouement, en te disant qu'à côté de l'avantage d'améliorer est le danger de trop innover.

Faire jaillir la lumière du choc de ton instruction pratique contre les théories prônées par les livres.

Te prouver que parfois il n'y a pas plus d'accord entre les agronomes qu'entre les grammairiens.

T'enseigner la langue agricole dont tu ne connais que le patois.

Te recommander l'amour et le soin de deux trésors : l'amendement et l'engrais.

Substituer comme sujet de lectures à la veillée, quelque chose de plus complet et de plus méthodique que l'almanach.

Te faire sentir le plus possible que, riche pourvoyeuse de l'industrie et du commerce, l'agriculture est la mamelle pleine à laquelle doivent de plus en plus s'attacher les peuples désireux de grandir en civilisation.

Moraliser par toi l'ouvrier des grands centres.

Enfin te faire mieux aimer le divin maître, en te faisant mieux aimer la terre.

AU PASTEUR.

Entre le siècle écoulé et celui où nous vivons, il y a la différence du chêne au gland.

Une nouvelle ère est commencée.

C'est celle de l'utilité et de la véritable gloire.

Pauvre gloire que celle qui n'a pas ses racines dans le bien général.

Combien, par exemple, le progrès élargit, sous nos yeux, le cercle du bien à faire par les ministres de Dieu!

Il ne leur suffit plus de bien enseigner la loi de salut.

L'économie et l'hygiène les réclament.

Et surtout, ils ont à faire aimer la terre au laboureur et à sa jeune famille.

Pourquoi, dans la Toscane et dans bien des contrées allemandes, la population rurale est-elle si douce et si intelligente, si ce n'est parce que là, le pasteur s'est attaché à diriger le laboureur vers les meilleures pratiques de son art?

Si j'étais pasteur, j'offrirais un bien beau sacrifice au Seigneur.

J'instituerais dans ma paroisse des conférences agricoles.

Ces conférences seraient au moins mensuelles.

Elles s'ouvriraient et se termineraient par une courte et fervente prière.

J'y ferais un cours d'économie rurale.

J'y montrerais Dieu dans la plante, dans les êtres, et dans le travail de la machine.

J'indiquerais à mon troupeau, les moyens que le travail des champs fournit à l'homme de jouir et de s'enrichir sans dommage pour l'âme.

Je ferais tant et si bien, qu'en allant reposer au sein de l'éternité, je laisserais sous moi des campagnes comblées des dons du divin Maître.

Confident du laboureur, témoin de ses travaux, comme lui né au village, et assez souvent naturaliste ou médecin, le prêtre peut tout pour le progrès agricole qui est le progrès moral; et m'exprimer ainsi est invoquer son aide dans l'essai de prédication agricole, que j'inaugure par ce travail.

A L'INSTITUTEUR.

Instituteur, ton rôle peut être beau, à la campagne, si, à force d'étude des livres et des pratiques agricoles, tu te rends capable de former, par un cours attrayant de labour, d'intelligentes générations rurales.

Pourquoi ne fais-tu pas ce cours, et pourquoi, l'ayant commencé, ne le termines-tu pas?

C'est par plusieurs motifs que je conçois parfaitement.

Tu succombes sous une multitude d'attributions, comme l'enfance, sous les études par cœur qui font un paresseux de presque tout élève sans mémoire.

Tu n'es pas stimulé par l'ordre positif de faire entrer dans ton programme, l'agriculture assurément bien digne de côtoyer l'enseignement de la lecture, de l'écriture, du calcul, de la grammaire, du catéchisme, de la géographie et de l'histoire sainte ou profane.

Tu débutes, sans en savoir plus que n'en dit le petit livre élémentaire donné à tes élèves.

Tu manques du traité qui te mettrait à même d'en rendre féconde chaque donnée.

Que dis-je? ni le petit livre, ni le gros ne donnant de l'agriculture et de son influence sur le corps, l'esprit et l'âme, la haute idée qu'on doit en avoir, les élèves et le maître se trouvent dépourvus du feu sacré sans lequel on ne s'instruit ni n'instruit bien.

Comment donc faire, répondras-tu?

Hé bien, assimile-toi ce que, dans ce travail qu'en suivront bientôt d'autres, je dis de la fertilisation des terres.

Cela fait, remplis d'ardeur l'enfant, en lui tenant de ma part à peu près ce langage, et surtout en agissant en conséquence.

Enfant, ne t'effraie pas.

Tu n'auras pas à apprendre par cœur les leçons renfermées dans ce livre et dans ceux qui lui succéderont.

Tout simplement tu liras et copieras celles que je trouverai ou pourrai mettre à ta portée.

Quand tu les auras lues ou copiées, je les expliquerai phrase par phrase et mot par mot.

L'explication entendue, tu les expliqueras, à ton tour.

Bien me les expliquer sera prouver que tu les as comprises.

Si tu les as comprises, réjouis-toi.

Nous irons, au moins quatre fois par mois, étudier hors de l'école.

Par le beau temps, nous nous rendrons gaiement à la campagne.

Là, je te montrerai, en te les expliquant, l'amendement, la fumure, le drain, l'irrigation, le labour, etc.

Que de choses utiles nous apprendrons, en moins de quatre heures !

Si le temps n'est pas beau, il y a, non loin de l'école, des fermes où je te conduirai.

Nous y voici, et là, bien des sujets d'étude et de comparaison s'offrent à nous.

Ces sujets sont, avec plusieurs de ceux dont je viens de parler, la citerne à urine, la fosse à purin, le compostoir, l'étable, les animaux, les instruments, la cave, la grange, l'air, le gerbier, le fenil, la basse-cour, le grenier, le grain, etc.

Je t'indique aussitôt le fort et le faible de tout cela.

En outre, nous nous entretenons avec le laboureur.

Nous échangeons avec lui les plus intéressantes observations.

Nous retournons au village avec un gros bagage de connaissances.

1.

Enfin, revenu à la maison, tu ne manques pas au soin d'y répéter à chacun, la leçon dont, ainsi, famille et serviteurs profitent.

En procédant de la sorte, c'est-à-dire, en menant de front les études dans le livre, dans les champs et à la ferme, nous nous assimilons, en une année, une multitude de données agricoles.

Plus nous allons, plus s'étend l'horizon de nos connaissances; et, au bout de deux ans, nous nous trouvons avoir appris, en nous amusant, et, en d'autres termes, sans études par cœur, beaucoup d'agriculture proprement dite.

Que dis-je? nous avons accessoirement appris un peu de botanique, d'horticulture, d'arboriculture, de sylviculture, d'apiculture, de pisciculture et de sériciculture.

Après cela qu'on vienne dire qu'on ne peut s'instruire sans études par cœur!

Qu'on vienne dire qu'on ne peut introduire l'enseignement de l'agriculture que dans les écoles auxquelles attient un terrain mis par la commune à la disposition de l'instituteur et des élèves!

Ici, mon cher enfant, tu me réponds vouloir un livre élémentaire qui, mis à ta portée, te facilite, pour l'avenir, l'intelligence de ceux à l'aide desquels je veux t'instruire.

Sois satisfait.

Prévoyant ton désir, et remarquant qu'on s'y prend mal pour t'enseigner avec succès la science du labour, j'ai placé, à la fin de cette première partie de mon essai de prédications agricoles, un tout petit travail qui, en offrant le plan de l'ensemble de l'œuvre, te servira d'initiation facile à l'art que tu es destiné à pratiquer.

RAPPORT

Fait sur ce Travail, par M. DE BLAYE, Rapporteur de la Commission chargée par la Société d'Émulation des Vosges, de l'examiner.

L'auteur, M. Defranoux, notre collègue, dédie son ouvrage,

1º au laboureur, parce qu'il pratique l'art qui a si besoin de progresser rapidement.

Il voit en lui un homme religieux, moral, laborieux, sain d'esprit, et robuste de corps, et il lui promet, en retour des efforts qu'il aura faits, ou des exemples qu'il aura donnés, une vie calme, heureuse et honorée.

2º au pasteur, parce que, confident du laboureur, témoin journalier de ses travaux, comme lui né au village, et souvent naturaliste ou médecin, il peut tout pour le progrès, soit dans ses entretiens avec l'homme des champs, soit même du haut de la chaire évangélique.

3º à l'instituteur, parce que, mis à même, par l'œuvre annoncée, d'éclairer la pratique agricole, il n'aurait qu'à vouloir pour initier l'enfance aux principes de l'art, sans surcharger sa mémoire de règles arides qui, d'ordinaire, s'oublient, du jour au lendemain.

Comme je l'ai dit, à propos d'un travail de début de l'auteur, je regrette qu'un plus capable que moi n'ait pas été appelé à rendre compte de tout ce que sa première prédication renferme de bon et d'utile, car il me faudrait faire un livre plus gros que le sien, pour ne laisser aucun détail à désirer.

En effet, j'y trouve 3,000 préceptes tous importants, et presque tous puisés, selon notre collègue lui-même, dans des centaines de publications qu'ils résument.

En vérité, cette œuvre ne peut être analysée, et il lui faut l'impression à des milliers d'exemplaires qui, répandus dans toutes les classes de la société, puissent y produire le rapide progrès que j'en espère.

Les deux parties dont elle se compose sont intitulées, la première : *L'exploitation agricole, au point de vue de tous les modes de fertilisation des terres*, et la seconde : *deux petits cours gradués d'agriculture, l'un des petits enfants, et l'autre des enfants.*

Chacune de ces parties principales est divisée en chapitres généraux se subdivisant en chapitres particuliers aisément compréhensibles pour toutes les intelligences. Aussi , fruit de veilles consécutives , de savantes méditations et de judicieux emprunts par analyse , l'enseignement de l'auteur se grave-t-il de lui-même dans la mémoire, épargnant au lecteur qui a peu le temps de lire, des recherches auxquelles les loisirs de toute sa vie pourraient ne pas suffire.

Ainsi, dans le premier chapitre, M. Defranoux enseigne en quoi la physique , la chimie , la minéralogie , la géologie et l'entomologie prêtent un puissant appui à l'art de cultiver la terre. Dans un deuxième chapitre, il nous apprend la nature et le rôle des gaz, et l'influence exercée sur le développement des plantes par l'atmosphère , la lumière , la chaleur . la nuit, l'obscurité, la sécheresse, le froid, la gelée, la neige, etc. Dans un troisième chapitre, il nous renseigne d'une manière toujours simple et instructive, sur la constitution, la germination et la reproduction par greffe des végétaux. Dans un quatrième chapitre, il nous fait assister avec le plus vif intérêt, à la revue de trente espèces de sols, en nous en révélant les éléments dominants , les avantages et les inconvénients. Dans un cinquième chapitre, il captive toute notre attention, par de lumineuses explications sur les divers modes de fertilisation des terres , puis indique la valeur et l'application des nombreuses matières fertilisantes soit organiques , soit inorganiques qui sont à la disposition du laboureur. Dans un sixième chapitre , il décrit pertinemment la préparation et les instruments de préparation des terres, les cultures d'entretien, l'alternance des cultures et les ennemis des plantes dans les deux règnes. Enfin , dans un septième chapitre, il traite en excitant un intérêt qui va toujours croissant, de la nécessité de faire une large part à la prairie, du pâturage, de la division de la propriété , des baux , des machines, de l'association , des écoles pratiques d'agriculture, des sociétés savantes départementales, des comices et de la petite presse.

Passons à la seconde partie intitulée : *deux petits cours gradués d'agriculture de l'enfance.*

Ici , M. Defranoux moralisant toujours autant qu'il instruit , présente sommairement tous les principes généraux qu'il se réserve de compléter dans les prédications qu'il annonce. Grâce à ces deux attrayants petits cours, et aux prédications destinées à les développer, les enfants pourront, comme en se jouant, acquérir de l'agriculture la haute idée qu'ils doivent en avoir , pour devenir plus tard les moniteurs agricoles du village.

Je me résume.

C'est en 110 pages manuscrites que M. Defranoux expose les 3,000 faits instructifs et moralisateurs dont j'aurais désiré pouvoir vous donner une idée assez haute ; et si , depuis bien des années , je ne pratiquais moi-même l'art qu'il glorifie , la lecture de son livre ou plutôt de son tour de force , aurait suffi pour m'en apprendre la théorie.

Non, un ouvrage où se pressent, dans un étroit espace, tant de grandes vérités et de pensées élevées, ne s'analyse pas ; il faut le parcourir, ou mieux le méditer, comme je l'ai fait, pour constater que je n'en ai exagéré ni le mérite, ni la portée. Aussi pensé-je qu'après contrôle de mon appréciation , la Société d'émulation, après l'avoir considéré tout à la fois comme une excellente méthode et une bonne action, encouragera M. Defranoux dans son dessein de le publier.

PRÉDICATIONS
AGRICOLES.

PREMIÈRE PARTIE.

L'Exploitation agricole, au point de vue de tous les Modes de fertilisation des terres.

LES SERVICES A OBTENIR DE LA SCIENCE EN MATIÈRE AGRICOLE.

Aujourd'hui, qui ne reconnaît l'excellence des services obtenus de la science appliquée à l'agriculture ?

Qui ne reconnaît ceux qu'on en obtiendrait encore, en tenant compte des capitaux à engager, des températures à supporter, et des localités où l'on opère ?

Les sciences physiques ont aidé puissamment la chimie à nous montrer les ressources à tirer de l'atmosphère dont l'action est si grande et si décisive sur la terre, ce point originel de toute activité productive.

L'entomologie, considérée avec dédain par ceux-là seuls qui ne savent rien, nous a fait connaître les insectes nuisibles ou favorables à nos récoltes.

La botanique nous a enrichis de plantes nouvelles, alimentaires, fourragères et industrielles.

Avec le concours de la minéralogie, la géologie a découvert dans le sol des sources inépuisables de principes fertilisants, quand, aux yeux des sots, elle semblait se borner à chercher les restes pétrifiés ou non des êtres et des végétaux antérieurs à l'homme.

La mécanique , n'eût-elle inventé que la machine à battre, serait encore la bienfaitrice du laboureur auquel elle enseigne et fournit le moyen d'utiliser toute espèce de force.

L'hydraulique a presque partout répandu la connaissance de l'art raisonné des assainissements et de l'arrosage.

Quant à la chimie, cette puissante sœur des autres sciences , que de trésors elle a versés dans l'industrie dont elle a renouvelé la face!

Elle vient , après nous avoir appris à bien apprécier la valeur des engrais animaux , de mieux nous faire connaître les qualités nutritives des diverses récoltes.

Mais elle ne peut se borner à ces deux espèces de données.

Le sol, tel qu'il a été créé, est une matière première qui a besoin d'être façonnée.

Trop souvent , jusqu'ici , le laboureur s'est dispensé , par ignorance , de l'améliorer dans les limites indiquées par les circonstances matérielles ou financières.

Trop souvent, il s'est contenté de l'arroser de ses sueurs , et de le fatiguer par un travail purement mécanique, et par cela même ingrat.

Pendant une longue suite de générations, il a usé ses forces à tourmenter une terre qui ne demandait peut-être qu'un amendement, pour rivaliser avec les champs bénis de la Limagne, de la Beauce ou du Nord.

Ce n'est que de l'effet du fumier qu'il attendait une riche récolte.

On labourait simplement, quand il fallait corriger les défauts de la terre.

C'est ce qu'enfin ont compris les agronomes, indispensable et puissante avant-garde des ouvriers de la terre qui ont le feu sacré.

Ils ont soumis à l'analyse chimique l'amendement et l'engrais ; et l'analyse leur a tout aussitôt fait voir en ceux-ci , deux amis, deux émules et deux bienfaiteurs, désormais inséparables, et dont l'un complète l'autre.

En effet, dans son désir de transformer son terrain, un propriétaire ou un fermier que stimule un bail équitable, jette les yeux autour de lui, et voit plusieurs variétés de marne.

Assurément là est l'avenir du domaine.

Mais les échantillons étant d'aspects différents, quel est le meilleur ?

Faut-il les soumettre soi-même aux analyses indiquées par les livres agricoles !

Mais quoi qu'en disent ceux-ci, ces analyses sont très-difficilement praticables hors d'un laboratoire de chimie.

Faut-il en appeler à l'expérience, et essayer sur une petite échelle ?

Ce serait le plus prudent ; mais pouvant faire autrement, ce serait gaspiller le temps qui, ici comme ailleurs, vaut de l'argent.

Faut-il aller devant soi, à tout hasard, et guidé par de simples analogies ?

Beaucoup le font, réussissent parfois, et le plus souvent échouent.

Or échouer est être sûr de se sentir bientôt découragé.

C'est compromettre le progrès aux yeux de voisins ignorants ou envieux.

C'est peut-être retarder une commune entière qui, pour suivre l'exemple, attendait un succès éclatant.

La bonne eau n'est pas moins difficile à distinguer, à l'aspect, que la bonne marne.

Fraîche, limpide et agréable, elle peut engorger les tuyaux de fontaines et des drains.

Elle peut être insalubre pour le bétail, et engendrer, chez l'homme, le goître ou le crétinisme.

Que dirai-je du guano qui subit des falsifications qu'il est impossible à l'œil et au toucher de constater ?

Evidemment, la chimie est la meilleure pierre de touche des précieuses substances agricoles dont il vient d'être parlé, et de beaucoup d'autres.

Evidemment aussi, sans elle et sans les sciences qui lui prêtent leur aide, l'agriculture qui est l'art de produire le plus avec le moins de frais, n'obtiendra pas assez de résultats avantageux.

M'exprimer ainsi est solliciter la multiplication des laboratoires de chimie appliquée à l'hygiène du sol, des végétaux et de l'homme.

C'est dire que la science est le pivot autour duquel doivent tourner tous les essais de progrès du laboureur intelligent.

La Physique, la Chimie, la Minéralogie et la Géologie sommairement appliquées ou applicables à l'Agriculture.

OBJET DE LA PHYSIQUE, DE LA CHIMIE, DE LA MINÉRALOGIE ET DE LA GÉOLOGIE.

Ecoute bien, cher laboureur, car si, l'ayant lu, tu comprends ce chapitre, tu pourras étudier avec intelligence et promptitude tous les traités d'agriculture, et donner aux connaissances qu'il te faut, la base qui leur est indispensable.

L'agriculture appelle à son aide la physique pour la connaissance de forces sous l'influence desquelles la matière subit les merveilleuses transformations que le cultivateur dirige à son profit.

Elle a recours à la chimie pour l'étude des principes constituants de l'air, du sol, des matières fertilisantes et de l'air.

La minéralogie lui apprend quelles sont les roches qui font partie de la croûte du globe.

La géologie lui indique où sont et quelles sont les matières minérales qui peuvent lui être utiles.

L'AIR OU L'ATMOSPHÈRE.

Comme les animaux, les plantes vivent par leurs pores.

Chez elles, les racines, les tiges et les feuilles, tout a des pores.

Elles vivent dans la terre, par leurs racines, et dans l'air, par leurs tiges, et surtout par leurs feuilles.

Leurs aliments consistent, dans la terre et dans l'air, en substances rendues nutritives par des fluides de l'air, c'est-à-dire, de l'atmosphère.

Ces fluides, plus ou moins abondants, suivant les variations de l'atmosphère, s'appellent *gaz*.

Qu'est-ce donc que l'atmosphère?

C'est la couche d'air et de vapeurs qui environne notre planète.

C'est la couche d'air qui fait avec le globe terrestre l'échange de services dont il a besoin pour se couvrir d'eau, de terre arable, de végétaux et d'êtres animés.

C'est, en d'autres termes, l'enveloppe élastique qui sépare la terre du soleil, et où ; sous l'influence de la lumière produite par celui-ci, se forment la pluie, la glace, la neige, les vents, les orages, etc.

La température de l'air est l'état dans lequel l'atmosphère se présente à nous.

Ainsi, si celle-ci est chaude, l'air est chaud, et si elle est froide, l'air est froid.

Plus l'air est agité, plus il se dilate, et, en d'autres termes, plus il est léger.

Plus il se refroidit, plus il se resserre, et, en d'autres termes, plus il est lourd.

LES GAZ.

L'*oxygène* est un gaz formant la cinquième partie de l'air que tu respires, et est indispensable à la germination.

Il abonde dans les substances acides.

L'*hydrogène* est la plus légère des substances connues.

Il abonde dans les huiles et les résines.

Le *carbone* est le charbon de bois.

A l'état cristallisé, il est le diamant.

Il abonde dans tout tissu ligneux.

Son apparence noire est due à ce que sa nature poreuse absorbe la lumière.

Brûlé à l'air, il s'unit à l'oxygène, pour former le *gaz acide carbonique.*

L'*azote* compose les quatre cinquièmes de l'air commun, et est utile à la nutrition des plantes.

Il abonde toujours dans les matières en putréfaction, et surtout dans les matières animales.

L'azote, l'oxygène, un peu d'acide carbonique et une quantité variable de vapeur d'eau forment l'air.

Huit parties d'oxygène et une partie d'hydrogène font l'eau distillée.

Le carbone, l'azote, l'oxygène et l'hydrogène se réunissent en doses différentes, pour composer les végétaux.

Les végétaux, par suite de cette réunion, sont formés de parties inégales des substances ci-après :

1º La *potasse*, alcali ou *sel* qui se trouve abondamment dans la lessive de cendre de bois.

2º La *soude*, alcali qui est dans les plantes marines, et dont la base est appelée *sodium.*

3º La *chaux*, composé d'oxygène et d'un corps simple appelé *calcium.*

4° Le *manganèse*, qui est surtout dans l'écorce des arbres, et qui colore les roches en noir.

5° L'*oxyde de fer* ou la *rouille* qui colore les terres en rouge, en jaune ou en violet, et qui les rend ainsi plus chaudes.

6° La *silice*, substance minérale très dure, qui fait feu sous le briquet, que la pierre à fusil te représente, et qui, pulvérisée, forme un sable criant sous la dent.

7° Le *chlore*, gaz d'un jaune vert, aux propriétés suffocantes, et entrant pour plus de moitié dans la composition du *sel* dont l'autre base est le *sodium*, et que, par ces motifs, on appelle *chlorure de sodium*.

8° L'*acide sulfurique* qui provient de l'union de l'oxygène au *soufre*, minéral exhalant, quand il brûle, une odeur forte et piquante.

Cet acide sulfurique est nécessaire à ton existence comme à celle des plantes.

Uni aux alcalis potasse, soude, chaux, manganèse, etc, il forme les *sulfates* de potasse, de soude, de chaux, de manganèse, etc.

Uni à la potasse, à la chaux, etc., il forme les *carbonates* de potasse, de chaux etc.

9° L'*acide phosphorique*, qui est dû au *phosphore*, métalloïde qui brille dans l'obscurité.

Or le phosphore joue un rôle bien important.

Il compose une grande partie de tes os.

Il abonde dans la semence de toutes les plantes, à la formation de laquelle il est indispensable.

Les produits qu'il forme par son union avec d'autres alcalis donnent des *phosphates* de potasse, de chaux et de *magnésie*, substance blanche, douce et inodore.

Le phosphate de chaux que tu lui dois, sous le nom de *terre d'os*, constitue plus de la moitié du poids de tes os desséchés.

Chimiquement unis, l'azote et l'hydrogène forment une substance volatile appelée *ammoniaque*.

L'ammoniaque provient de la décomposition des matières animales.

Elle exhale dans l'étable que tu nettoies, une odeur qui indique que l'âme de ton fumier s'en va.

Le *gaz acide carbonique*, dont nous avons déjà parlé, est un composé d'hydrogène et d'azote.

Non mélangé largement avec l'air, il est nuisible à la vie des êtres.

Il est la source où les plantes puisent la moitié de leur masse sèche.

Il dissout les plus durs ingrédients du sol, et ainsi les rend fertilisants.

Dans l'analyse d'une fine farine de froment, tu constates la présence de deux substances.

L'une, granuleuse, est appelée *amidon*.

L'autre gluante est appelée *gluten*.

L'amidon contient le carbone, l'hydrogène et l'oxygène.

Le gluten contient en plus l'azote.

L'amidon, la *gomme* et le *sucre* forment une portion de ta nourriture.

Ils sont les éléments indispensables de ta respiration.

Tu leur dois la chaleur de ton corps.

Le carbone qui en est le principal ingrédient s'unit à l'oxygène de l'air.

Grâce à cette union, il est brûlé dans tes tissus.

Dès lors la chaleur animale est produite en toi comme celle qui s'échappe du feu.

Quant au gluten, il forme le sang.

Par conséquent, il forme tous les solides et les liquides de ton corps.

Extrait du froment, il est semblable au blanc d'œuf.

Il est dans tout aliment nutritif.

Il est la même chose que le muscle de ton bras.

Il en résulte que tu manges, dans tes aliments, la chair déjà formée.

Tu verras toute la portée du fairt, en apprenant comment les plantes se pourvoient de l'azote qui, en leur procurant du gluten, les rend si nourrissantes.

Quand ses tiges ont acquis une certaine force, le blé, à cause de son manque de feuilles, n'en extrait, pour ainsi dire, que de la terre.

Jusqu'au moment de monter en graine, le trèfle à cause de son épais feuillage, tire presque tout le sien de l'air.

Données destinées à compléter celles qui précèdent et à rendre facilement compréhensibles celles qui suivront.

QUELQUES TERMES TECHNIQUES.

Il faut, non supprimer, comme certains le croient possible, mais expliquer les termes techniques, ce formidable écueil des études positives.

Les *silicates* sont des sels d'acides.

Le *salpêtre* ou *nitre* est un sel extrait des murs.

Les *nitrates* sont des sels d'acide nitrique.

L'*apatite* est une chaux phosphatée.

L'*urée* est un principe dont l'altérabilité cause la putréfaction de l'urine.

La *pyrite* est un sulfure métallique auquel il arrive de brûler spontanément.

L'*alumine* est une substance blanche, insipide et inodore, happant à la langue, et ne se dissolvant pas dans l'eau.

L'*argile* pure ou *glaise* est constituée par l'alumine, l'eau, la silice et la rouille, et forme la plupart des terres du globe.

Elle se réduit en pâte, se durcit, se crevasse, et exhale une mauvaise odeur.

Le *schiste* est une pierre ordinairement lamellaire qui diffère peu de l'argile, et à laquelle il peut arriver d'être très-bitumineuse.

Le *bitume* est une matière fossile huileuse qui colore utilement en noir la terre où il n'abonde pas trop.

L'*asphalte* est un bitume.

Le *talc* est une pierre transparente et douce au toucher.

Le *calcaire* est, soit en roche, soit pulvérisé, une chaux carbonatée.

En d'autres termes, il est une combinaison de la chaux et de l'acide carbonique.

En roche, il est privé, par la cuisson au four, de son acide carbonique, et mis en contact avec un acide énergique, il fait effervescence.

La *craie* est un calcaire.

Le *tuf* est un calcaire.

La *marne* est, d'ordinaire, une argile éminemment calcaire.

Le *plâtre* ou *gypse* est un sulfate de chaux, et, en d'autres termes, est composé de chaux, et d'acide sulfurique.

Le *feldspath* est une substance brillante et vitreuse qui, réduite en poudre, procure au sol beaucoup de carbonate de potasse.

Le *mica* est un minéral qui se présente en paillettes transparentes.

Le *quartz* est une roche de silice.

Le *granite* est une roche composée de quartz, de feldspath et de mica.

Le *grès* est une roche composée de grains de silice.

Le *sable* est une poudre formée de grains de silice ou de calcaire.

Les *faluns* sont une espèce de marne très-fossilifère.

Les *coprolithes* sont des excréments fossiles.

Le *phosphate ferrico-calcique* résulte de la trituration de rognons et de concrétions mamelonnées qui abondent dans le voisinage de certains terrains crayeux.

La *tangue* est un limon de la mer, formé de coquilles modernes.

L'*humus* est le résultat de la décomposition de matières végétales ou animales.

L'*humus* végétal est le résultat de la décomposition de matières végétales.

Dans cet état, il est la *tourbe* ou la *terre de bruyère*.

L'*humus animal* est le résultat de la décomposition de matières animales.

Animal ou végéto-animal, l'humus constitue le *terreau*.

Le terreau est une des substances les plus lentes à absorber et à restituer l'eau.

L'*électricité* est la propriété qu'ont les corps frottés d'en attirer d'autres.

Selon la science, l'électricité négative a une favorable action sur la végétation.

La *capillarité* est l'ascension de l'eau dans des tubes de très-petit calibre, appelés *capillaires*, parce qu'ils peuvent être représentés par un cheveu.

En agriculture, elle est l'ascension et l'infiltration des liquides dans les sols.

LES VARIATIONS DE LA TEMPÉRATURE.

Les variations de la température sont le brassage, la décomposition et le changement de nature, opérés par l'atmosphère, de tout ce qu'elle attire à elle, pour le restituer à la terre, à l'état de principes fertilisants.

Ces variations tiennent aux quatre saisons de l'année.

Ces quatre saisons tiennent elles-mêmes à la hauteur du soleil.

J'ai dit ce qui constitue la légèreté ou la pesanteur de l'air.

Plus les points d'où vient le vent sont frais, moins l'air est chaud.

Plus, en se refroidissant, il forme de nuages, plus il est humide.

Le thermomètre, le baromètre et l'hygromètre indiquent son degré, le premier de chaleur, le deuxième de pesanteur, et le troisième d'humidité.

Il y a une foule de signes de beau temps, de mauvais temps et de changement de temps qu'il importe au laboureur de bien connaître, et que le devoir de la météorologie est de tâcher d'indiquer.

La science a encore trop à faire à cet endroit, pour que je puisse assez utilement te dire avec détail où elle en est.

LE SOLEIL.

Le soleil est le principe de la chaleur et de la lumière. S'il s'éteignait, les êtres et les végétaux périraient.

LA CHALEUR ET LA LUMIÈRE.

Pourquoi cette plante se tourne-t-elle du côté du sud, si ce n'est pour avoir plus de chaleur qu'elle n'en aurait à l'ombre?

La chaleur sans excès provoque les mouvements de la sève et des plantes.

En conséquence, au végétal qui doit te procurer graines ou fruits, donne une exposition suffisamment lumineuse.

Si tu préfères des tiges à des graines, rapproche les sujets, afin que, pour avoir air et lumière, ils montent en fuseau, à l'envi les uns des autres.

Comptant sans la chaleur et la lumière, tu éprouveras, en une foule de cas de toute espèce, bien des déceptions.

LA NUIT ET L'OBSCURITÉ.

Dans bien des cas que l'observation t'apprendra, la nuit et l'obscurité font au jour et à la lumière un heureux contrepoids, et, par exemple, sans une certaine obscurité, tu engraisserais mal, à l'étable et au poulailler , animaux et volaille.

LA SÉCHERESSE.

La sécheresse arrête ou fait dépérir la végétation sur le sol non pourvu d'un sous-sol ou d'un engrais frais.

Combats-la par l'arrosage, au lieu de te demander pourquoi Dieu versant ailleurs abondamment de l'eau , en refuse à ta contrée.

Le poids juste est l'ouvrage du Créateur qui, en même temps, ne fait rien que d'utile.

LE FROID.

Le froid fait un grand tort aux plantes, en s'opposant à leur croissance.

Il leur fait un grand bien , en les empêchant de croître trop vite ou trop tôt, et en tuant beaucoup d'êtres nuisibles.

LA GELÉE BLANCHE.

La gelée blanche , en fondant trop promptement, enlève aux plantes la chaleur qui leur est indispensable.

Les terres élevées sont celles qui y sont le moins sujettes.

Elle est le fléau des plantes qui sont semées ou qui croissent trop tôt.

Comme le froid, elle tue un grand nombre d'insectes.

En outre, elle amène les terres trop compactes à se déliter sous le dégel, après le labour préparatoire d'hiver.

En effet, le sol labouré est celui qui, pour son plus grand bien, gèle le plus facilement.

LA GLACE.

La glace fait le même mal et le même bien que le froid et la gelée.

Elle corrompt l'eau, en s'interposant entre celle-ci et l'air.

Elle fait périr des insectes nuisibles , et même, tirée, en été, des glacières où elle a été renfermée , elle procure au riche de délicieux rafraîchissements.

LA NEIGE.

La neige est une congélation des vapeurs d'eau de l'atmosphère.

Autrement définie, elle est une eau cristallisée.

Elle fait périr , soit quand elle couvre le sol , soit quand elle fond , une multitude de petits animaux.

Peu épaisse, elle est un abri pour les récoltes.

Trop épaisse et subsistant longtemps , elle écrase et pourrit les végétaux.

LE DÉGEL.

Un des inconvénients du dégel dont tu connais les avantages , est de déchausser les plantes.

LE HALE DE PRINTEMPS.

Nuisible quand il est excessif et de trop longue durée , le hâle de printemps , en tout état de cause , débarrasse le sol de son excès d'humidité.

LA GRÊLE.

La grêle est un effet d'électricité.

Mêlée de beaucoup de pluie , elle fait peu de mal à la végétation.

Toute plante ou tout fruit qu'elle meurtrit se remet difficilement.

LES ORAGES.

Effet d'électricité, les orages font aux plantes qu'ils couchent par terre ou noient, à peu près autant de mal que la grêle qui les hache.

Par contre, ils impriment aux tiges , aux rameaux et aux feuilles des végétaux , un mouvement utile à la circulation de la sève.

Ils produisent une humidité chaude très-favorable à la végétation.

Ils purgent l'air des miasmes qui s'exhalent de la terre.

Lors même qu'ils désoleraient une fois tes récoltes, ne les maudis qu'en ce qui te concerne , puisque , en général et en somme, ils font plus de bien que de mal.

LA ROSÉE.

Pendant une nuit calme et sereine , les corps qui se trouvent à la surface du globe deviennent plus froids que l'atmosphère.

La raison en est que , dans l'échange de calorique qui

s'établit entre eux et le ciel, ils émettent plus qu'ils ne reçoivent.

C'est pendant cet échange que la vapeur d'eau répandue dans l'air se condense, surtout à la surface de la partie herbacée des plantes, pour produire, en hiver, la gelée blanche, et en été, la rosée.

Au reste, l'un et l'autre phénomènes ont lieu en vertu de ce principe que la vapeur s'attache aux corps froids.

La rosée fait, en petit, le bien que la pluie ne vient pas faire en grand.

Pendant les sécheresses, elle est la providence des plantes altérées que tu ne peux arroser.

LA PLUIE.

La pluie est principalement due au refroidissement des couches d'air saturées de vapeur d'eau, et à l'action électrique des nuages.

Elle rend son activité à la terre desséchée, et lui apporte des principes fertilisants.

Elle dissout dans le sol toute matière fertilisante soluble, et nettoie la culture fourragère rouillée.

Elle tasse la terre qui a peu de consistance.

Trop violente ou trop prolongée, elle fait grand tort aux plantes.

En outre, elle lave à l'excès et ravine les terres.

Il pleut plus souvent aux environs que loin des grandes forêts.

Il pleut plus abondamment, mais moins souvent dans les pays chauds que dans les pays froids.

Aux pays où la pluie est le moins fréquente, Dieu donne d'abondantes rosées.

Les terres qu'elle ravage le plus sont celles dont la pente trop raide n'a été ni boisée, ni disposée en terrasses.

Ce sont aussi celles qui n'ont pas été labourées de manière à ne pouvoir être entraînées.

LES NUAGES.

Les nuages sont des amas de vapeurs qui se forment dans l'air où, à raison de leur légèreté ou de leur pesanteur, ils s'élèvent plus ou moins.

Ils s'y balancent et y circulent, en attendant le moment de se résoudre en pluie.

LES BROUILLARDS.

Les brouillards sont des nuages que leur pesanteur empêche de s'élever haut dans l'air.

Ne pouvant monter, ou étant parvenus à s'élever, ils tombent, d'ordinaire, bientôt en pluie.

Suivant un certain nombre d'agronomes, ils sont souvent funestes aux plantes, et suivis d'un soleil ardent, provoquent la rouille des céréales.

En tout état de cause, ils contiennent des gaz qui fertilisent la terre.

L'HUMIDITÉ.

A l'époque des chaleurs, l'humidité favorise la germination.

Elle dépose les substances nutritives des plantes.

Elle divise et aère le sol.

Surabondante, elle n'est favorable qu'aux végétaux de marécage.

Elle fait périr les parties souterraines des plantes.

Elle développe les tiges aux dépens des graines.

Elle rend funeste l'effet des gelées.

LES REVIREMENTS DANS LA TEMPÉRATURE.

Un revirement dans la température peut arrêter les ravages de certaines maladies des plantes.

Trop fréquents et trop intenses, les revirements de l'espèce peuvent nuire aux végétaux.

LES VENTS.

Devenu plus léger sur un point, l'air s'élève.

Alors les couches les plus lourdes se précipitent pour remplir le vide formé.

Elles donnent ainsi naissance à des courants d'air qui sont les vents.

Amis, ceux-ci ameublissent, en le séchant, le sol trop humide.

Ils rafraîchissent jusqu'à un certain point les végétaux.

Ennemis, ils dessèchent la terre dont la fraîcheur fait la fécondité.

Ils fatiguent, couchent ou brisent les plantes et les arbres.

Ils peuvent renverser jusqu'aux habitations.

Ils sèment les champs de graines de plantes nuisibles.

Cependant, lors même qu'ils font du mal, ils peuvent faire beaucoup de bien, en purifiant l'air.

LE CLIMAT.

Le climat est l'ensemble ordinaire des phénomènes atmosphériques sur un point du globe, pendant les quatre saisons de l'année.

Plus tu as le soleil au-dessus de ta tête, plus il est chaud.

Plus, dans cette situation, tu es au-dessus du niveau de la mer, plus il doit être froid.

Plus tu es abrité, loin des rivières, près de la mer, sur une exposition sud, ou sur un sol perméable, plus tu le vois devenir doux et égal.

En agriculture, ne fais rien sans consulter le climat, car nul climat ne convient à toute plante et à tout animal.

C'est ce que nul ne sait mieux que la société d'acclimatation qui rarement obtient les résultats avantageux qu'elle espérait le plus.

LA SALUBRITÉ DE L'AIR.

La terre a aussi besoin de salubrité que les êtres.

Les lieux les plus salubres sont généralement élevés, un peu en pente, et perméables.

Ils sont soit bien exposés, soit abrités contre le froid et les grands vents.

La demeure de l'homme et celle des animaux y sont proprement tenues.

Des matières animales en décomposition n'y sont pas exposées à l'air.

L'EXPOSITION DU SOL.

L'exposition du sol influe d'une manière considérable sur l'avenir des végétaux.

L'exposition au sud est favorable aux primeurs.

Elle est celle des végétaux à graines farineuses et à fruits.

L'exposition au nord est celle des prairies et des forêts, et prévient la perte trop prompte de la rosée.

L'exposition à l'est provoque la perte à peu près immédiate de la rosée.

En cas de givre, elle compromet la réussite de la fleur des arbres.

Cependant, en l'absence de contre-temps, le soleil du matin est vivifiant.

En ce qu'elle s'échauffe beaucoup, à la fin du jour, l'exposition à l'ouest est favorable à un grand nombre de produits.

Comme l'exposition au nord, elle prévient la perte trop prompte de la rosée.

L'air stagnant des vallées trop encaissées étiole beaucoup d'espèces de plantes.

Les Plantes en général.

Ecoute ici ce que, par analyse, j'ai emprunté à l'excellent traité d'agriculture de MM. Bentz et Chrétien.

LES PARTIES CONSTITUTIVES DES PLANTES.

La *racine* est l'attache qui fixe toute plante sur le lieu où sa semence germe.

Le *collet* est la partie supérieure de la racine, où la tige prend naissance.

Au-dessous du collet vient le *corps* d'où partent de petits filets qui vont chercher en terre la nourriture de la plante.

Les *racines annuelles* sont celles qui périssent dans l'année, après avoir porté graine.

Les *racines bisannuelles* sont celles qui meurent dans leur seconde année d'existence.

Les *racines vivaces* sont celles qui vivent plusieurs années.

On rend vivace une plante annuelle, en l'empêchant de mûrir.

Les *racines en général* sont, par exemple :

Celles de la pomme de terre, *tubéreuses*.

Celles du blé, *fibreuses*.

Celles du chiendent, *traçantes*.

Celles de la carotte, *pivotantes*.

Celles de l'ognon, *bulbeuses*.

La *tige*, quand la plante en a une, est la partie qui, partant du collet de la racine, prend son accroissement hors de terre.

Les tiges des arbres sont appelées *troncs*.

La tige creuse et nouée, comme celle du blé, s'appelle *chaume*.

Dans toute plante, la tige qui a la consistance du bois est *ligneuse*.

La tige tendre, comme l'herbe, est *herbacée*.

L'*épiderme* est la partie la plus extérieure de la tige.

L'*enveloppe herbacée* vient après l'épiderme.

Les *couches corticales* viennent après l'enveloppe herbacée.

Dans l'arbre, elles sont l'*écorce*.

Après les couches corticales, l'*aubier*.

Après l'aubier le *bois*.

Après le bois, la *moelle*.

La *sève* est le liquide nutritif qui circule dans les vaisseaux dont l'intérieur de la plante est pourvu.

Elle a des mouvements qui la font appeler *ascendante* ou *descendante*.

Les *feuilles* sont des parties de la plante réunies à la tige ou aux branches ou rameaux.

La queue qui réunit la feuille au végétal s'appelle *pétiole*.

La nature ne manifeste, dans aucune de ses œuvres, autant d'intelligence que dans l'appareil fécondateur des plantes.

Ainsi, la *fleur* est l'organe de reproduction destiné à préparer les graines.

Elle est la protectrice de l'*étamine* et du *pistil*.

Les étamines sont les organes mâles des plantes.

Le pistil est leur organe femelle.

Il est ordinairement au centre de la fleur dont le *calice* est l'évasement de l'extrémité des branches ou des queues qui la portent.

Le *pollen* est une espèce de poussière qui s'échappe des étamines, pour féconder le pistil.

L'*ovaire* est la partie supérieure du pistil.

C'est lui qui, fécondé, donne le *fruit*.

Les plantes dont la fleur contient à la fois l'étamine et le pistil sont appelées *hermaphrodites*, c'est-à-dire, à *deux sexes*.

Il arrive à deux plantes d'être pourvues, dans leur fleur, l'une du pistil, et l'autre de l'étamine.

La plante modifiée par le pollen d'une plante de même famille est *hybride*.

Le *péricarpe* du fruit est, dans la poire, par exemple, la partie destinée à être mangée.

2.

La graine logée dans la cavité intérieure du fruit s'appelle *pepin*.

La graine est enveloppée d'une pellicule dans laquelle se trouve un corps appelé *amande*.

Dans l'amande est l'*embryon*, c'est-à-dire, le germe d'une nouvelle plante.

Cette amande sera le premier aliment du jeune végétal.

En germant, la graine pousse une *radicule* qui sera la racine.

Elle produit aussi une *plumule* qui formera la tige.

Les *cotylédons* sont les premières feuilles qui paraissent après la germination.

La plante qui naît avec une feuille est *monocotylédone*.

Celle qui naît avec deux feuilles est *dicotylédone*.

Celle qui naît avec plusieurs feuilles est *polycotylédone*.

Celle qui naît sans feuilles est *acotylédone*.

LA GERMINATION, LA REPRODUCTION ET LA GREFFE.

La *germination* est l'acte par lequel la graine se développe, pour donner naissance à la plante.

La *reproduction par génération* résulte du semis ou de la plantation de la graine.

La *reproduction par propagation* se dit, par exemple, du rameau d'arbre qui, planté, reproduit un autre arbre.

La *pépinière* est le terrain où se sèment les plantes à repiquer.

La *marcotte simple* consiste d'abord à mettre une branche en terre, pour lui faire prendre racine.

Elle consiste ensuite à transplanter plus tard cette branche, après l'avoir séparée du végétal auquel elle tient.

Le *provin* est l'application de la marcotte simple à la vigne.

La *marcotte par torsion* est la torsion de la branche plantée en terre.

La *marcotte par strangulation* est une opération par laquelle on serre, près d'un nœud, la branche dont il vient d'être question.

La *bouture* est la branche qu'on plante pour en obtenir un arbre.

Les *bourgeons* sont les parties du végétal qui donnent naissance à des arbres et à des feuilles.

La *greffe* est le placement d'un œil ou d'une branche d'un

végétal sur un autre végétal, pour en améliorer les produits.

Le végétal greffé s'appelle *sujet*.

J'ai dit ce qu'est la sève dont on a un grand compte à tenir, et sur les mouvements de laquelle il n'y a pas entier accord entre les savants.

Pour que la greffe puisse reprendre, on fait mettre sa sève en communication avec celle du sujet.

Dans la *greffe en fente*, on coupe, à l'époque où monte la sève, le sujet, à une certaine hauteur.

On pratique, à la partie supérieure, une fente de haut en bas.

On y place la greffe coupée en forme de coin.

On a soin que l'enveloppe herbacée du sujet communique avec celle de la greffe.

On enveloppe, soit de cire composée, soit d'un onguent fait de bouse de vache et de glaise.

On recouvre de papier.

Enfin, là où l'on a opéré, on ficelle la branche avec précaution.

La greffe en fente dite *greffe en couronne* consiste à mettre la greffe dans une ouverture placée entre l'écorce et le bois.

La *greffe en approche* est à peu près limitée aux plantes délicates.

Quand la sève est en mouvement, on soude ensemble deux branches de végétaux différents.

On met leur sève en communication.

Après leur communication, on sépare la greffe du végétal auquel elle tient.

Pour *greffer en écusson*, on fait pousser, au printemps, ou en automne, un œil d'un arbre sur un autre arbre.

Pratiquée, au printemps, la greffe en écusson est dite *à œil poussant*.

Pratiquée, en automne, elle est dite *à œil dormant*.

Dans ce cas, elle ne pousse qu'au printemps, époque où l'on coupe ce qui se trouve au-dessus de l'écusson.

Si les plantes parlaient, dit la Fontaine, il ferait bel ouïr.

LES SOINS A DONNER AUX VÉGÉTAUX GREFFÉS.

Après avoir rendu les données qui précèdent plus décisives par la pratique, cette auxiliaire ou suite indispensable de toute théorie, tu apprendras de même les soins de culture, taille, pincement, etc., à donner aux végétaux greffés.

Au reste, l'indication de tous ces soins ne pourrait tenir dans un cadre aussi restreint que celui-ci, et c'est principalement d'agriculture proprement dite que j'ai à t'entretenir.

LES FAMILLES DES PLANTES.

On appelle :

Cucurbitacées, les concombres, citrouilles, etc., à fruits semblables à la calebasse.

Papilionacées, le trèfle, la luzerne, les fèves, etc., à fleurs semblables au papillon.

Linées, le lin, etc.

Crucifères, le chou, le colza, le pastel, etc., à fleurs semblables à une croix.

Ombellifères, la carotte, etc., à fleurs semblables à une ombrelle.

Solanées, les pommes de terre, le tabac, etc.

Cannabinées, le chanvre, le houblon, etc.

Polygonées, le sarrasin, etc., à graines représentant des polygones.

Chénopodées, la betterave, etc.,

Graminées, le chiendent, le vulpin, le blé, etc., à fleurs de couleur herbeuse.

Céréales, le blé, le seigle, l'orge et l'avoine.

NOMS DUS PAR LES PLANTES A LEUR DESTINATION.

La *plante alimentaire*, *légumineuse*, *légumineuse farineuse*, *fourragère*, *industrielle*, *médicinale* ou *potagère*, a un nom qui porte sa définition.

Les *plantes maraîchères* ont d'abord été les plantes potagères cultivées par des jardiniers sur des marais desséchés.

La *plante racine* ou *sarclée* a un nom qui porte sa définition.

Les plantes industrielles se divisent en *textiles*, *oléifères*, *tinctoriales*, etc.

La céréale qu'on sème soit seule, soit mélangée de graines dont elle primera les produits, est une *culture* ou une *récolte principale*.

Des carottes semées, par exemple, après une céréale, constituent la *culture* ou la *récolte dérobée*.

Les Sols en général.

LA DÉFINITION, L'ORIGINE ET LES BESOINS DES SOLS.

Le sol est la couche de terre arable.

Il est l'amas de matiéres, plus ou moins épais, et plus ou moins varié dans sa composition, où les plantes se fixent et se nourrissent, à l'aide de leurs racines.

D'où proviennent donc toutes les substances dont il se compose ?

Elles sont formées, d'une part, par le détritus des roches que la chaleur, la pluie et la gelée ont désagrégées.

Elles sont formées, d'une autre part par le résidu de la végétation, et par des matières animales en décomposition plus ou moins avancée.

Fertile, le sol doit être entretenu dans son état de fécondité.

Iufertile, il a besoin d'être pétri de telle manière qu'il devienne généreux.

Le premier besoin du sol, puisque les gaz fertilisent la terre, est de boire beaucoup d'air.

Il est aussi de recevoir les principes fécondants que celui-ci et l'eau sont chargés de rendre solubles.

Toute plante ne vient pas sur tout sol.

Celle-ci veut la terre sèche.

Celle-là l'exige humide.

Cette autre, comme la luzerne, la demande calcaire, ou, comme l'ajonc, la veut sans carbonate de chaux.

LES CIRCONSTANCES NUISIBLES A LA VÉGÉTATION.

Les labours, les hersages, les fumages, les semis et les façons ont été mal exécutés ou ne l'ont pas été en temps opportun.

La température a été défavorable.

Les animaux et les insectes nuisibles ont exercé de grands ravages.

Le sol est mal exposé, trop en pente, trop compacte, trop humide, trop sec, trop meuble ou trop mélangé de rouille.

Il ne contient pas les deux pour cent au moins d'humus qu'il lui faut.

Plusieurs autres substances indispensables y font défaut.

Certaines matières qui, en doses moins grandes, feraient grand bien, y abondent trop.

Son sous-sol ne le corrige pas dans une mesure suffisante.

Il a une couleur blanche qui le rend brûlant.

LES CIRCONSTANCES FAVORABLES A LA VÉGÉTATION.

Argileux, le sol a un sous-sol sec qui lui fait perdre sa tendance à geler, en le rendant moins humide.

Calcaire, il a un sous-sol argileux qui, pendant la sécheresse, lui procure de la fraîcheur.

Sableux, il a un sous-sol humide qui produit le même effet.

Humide, il est sur un gravier qui le sèche, ou repose sur une craie qui absorbe son excès d'eau.

Il contient beaucoup de terreau.

Les substances qui font la bonne terre, l'acide silicique, la potasse, la chaux, la magnésie, l'oxyde de fer, l'acide sulfurique, l'acide phosphorique, et peut-être l'alumine, le chlore et la soude n'y manquent pas.

Il ne s'y trouve abondamment aucune des substances susceptibles de le rendre acide ou aride.

Il est naturellement meuble sans excès.

Il s'égoutte de lui-même ou avec l'aide du maître.

Il est pourvu de tous les sucs demandés par la plante qu'on lui confie.

Il a été amendé en même temps que fumé.

Enfin le laboureur y a beaucoup sué.

LES NOMS A DONNER AUX SOLS, SUIVANT LES ÉLÉMENTS QUI Y DOMINENT, LEUR ÉTAT ET LEUR DESTINATION.

LES SOLS.	LEURS PRINCIPAUX ÉLÉMENTS, LEUR ÉTAT ET LEUR DESTINATION.
Ferrugineux.	Oxyde de fer ou fer en grains.
Argileux ou glaiseux.	Argile ou glaise.
Schisteux.	Terres provenant, d'ordinaire, de roches lamellées non calcaires.
Sablonneux.	Sable de calcaire ou de silice.
Granitiques.	Quartz, felspath et mica.
Volcaniques.	Résidus de scories.
Siliceux.	Silice.
Humifères.	Terre de bruyère ou terreau proprement dit.
Calcaires.	Carbonate de chaux.
Crayeux.	Craie.
Tuffeux.	Tuf.
Marneux.	Argile calcaire ou presque sans calcaire.
Talqueux.	Talc.

LES SOLS.	LEURS PRINCIPAUX ÉLÉMENTS, LEUR ÉTAT ET LEUR DESTINATION.
Quartzeux.	Quartz.
Graveleux, caillouteux ou pierreux.	Gravier, cailloux ou pierres.
Magnésiens.	Magnésie.
Pyriteux.	Pyrites.
Salifères.	Sel.
Tourbeux.	Tourbe.
D'alluvion.	Terres amenées par les eaux.
Vaseux ou limoneux.	Vase ou limon.
Marécageux.	Terrain noyé sous une eau stagnante.
Sable-ferrugineux.	Sable et oxyde de fer ou fer en grains.
Sablo-calcaires.	Sable et carbonate de chaux.
Sablo-argileux.	Sable et argile.
Argilo-sableux.	Argile et sable.
Argilo-siliceux.	Argile et silice.
Argilo-calcaires.	Argile et carbonate de chaux.
Argilo-ferrugineux.	Argile et oxyde fer, ou fer en grains.
Sablo-argilo-ferrugineux.	Sable, argile et oxyde de fer ou fer en grains.
Dits *terres franches*.	Moitié argile, et moitié silice, calcaire et terreau.
Froids.	Terre argileuse, compacte ou à un sous-sol humide.
Frais.	Terre assez compacte ou à sous-sol frais.
Humides.	Terre argileuse ou dans laquelle s'infiltre l'eau.
Chauds ou secs.	Carbonate de chaux, sable, silice, ou terrain en pente raide et exposé au soleil.
Brûlants ou arides.	Gravier, pierre, cailloux, sable ou couche arable mince.
Légers ou inconsistants.	Carbonate de chaux, sable ou silice.
Meubles.	Carbonate de chaux, sable ou silice.
Lourds, gras, pâteux, serrés, tenaces, consistants, compactes ou forts.	Glaise ou argile.
Doux.	Talc.
Acides.	Tourbe, terre de bruyère humide, ou lieu planté de chênes.
Herbeux.	Terrain en herbe.
En friche.	Terrain laissé sans culture.
Vagues ou en pâtis.	Terrain destiné au parcours du bétail de la commune.
En vaine pâture.	Terrain livré, après la récolte, au parcours des bestiaux de la commune.
Boisés.	Terrain ou végète un bois.
Improductifs.	Terrain qui n'étant pas cultivé, ne produit rien.
En jachère pure ou morte.	Terre en repos, et que, pour la nettoyer, on laboure fréquemment.
En jachère cultivée.	Terre couverte de récoltes sarclées telles que betteraves, carottes etc.
Emblavés.	Semés en blé.
Superficiels.	Terrain à couche arable très-mince.
Profonds.	Terrain dont la couche arable est épaisse.
Inclinés ou en pente.	Terrain en pente.
Non inclinés.	Terres représentant un plan horizontal.
Bas.	Terrain placé bas par rapport à d'autres terrains.
Unis.	Terrain sans inégalités.
Raboteux.	Terrain inégal.
Ravinés.	Terrain déchiré par l'eau, dans le sens de la pente.

Remarque, dans ton étude et ton observation du sol, que celui-ci révèle sa valeur par les plantes qui y croissent spontanément, et par sa composition, son épaisseur, sa situation, etc.

Les Sols en particulier.

LES SOLS GRAVELEUX.

Les sols graveleux de quartz ou de calcaire, à gros fragments mélangés de peu de terre ne peuvent guère recevoir que des végétaux ligneux.

Les sols graveleux à petits fragments mélangés de peu de terre valent mieux que ceux qui précèdent.

Les sols graveleux à petits fragments mélangés d'assez de terre peuvent être productifs.

LES SOLS APPELÉS *DUNES.*

Les sols appelés *dunes* sont des amoncellements successifs de sable que la mer dépose sur les côtes de l'océan.

Le vent transporte souvent ces amoncellements à des distances considérables.

On consolide les dunes, en les plantant d'arbres protégés, dans leur jeunesse, par des abris.

LES SOLS SABLONNEUX.

Les sols sablonneux sont un crible au travers duquel passe aussitôt l'eau qu'ils reçoivent, et, par suite, n'ont pas l'inconvénient de faire éponge.

Ils s'échauffent aussi facilement, au printemps, qu'ils se dessèchent en été.

Leur culture est peu pénible et peu coûteuse.

Tu trouves toujours le moment de les labourer.

Ils n'exigent pas de fréquents labours.

Le motif en est que la plupart des plantes craignent une terre très-soulevée.

L'eau, la fumure et l'amendement les rendent généreux.

Mais ils dévorent vite les engrais chauds.

D'un autre côté, ils n'offrent pas aux racines des plantes, un point d'attache assez solide.

Calcaires ou granitiques, ils valent mieux que simplement quartzeux.

LES SOLS GRANITIQUES.

Les sols granitiques l'emportent d'autant plus sur les sols siliceux , c'est-à-dire simplement quartzeux , qu'ils contiennent abondamment le feldspath , substance fertilisante , et le mica qui , quand il est de couleur noire , procure de la chaleur à la terre qui en a besoin.

Fines et profondes, ces terres peuvent être amenées par l'assainissement et la fumure, à un assez haut degré de fertilité.

Elles peuvent servir à la formation de bonnes prairies irrigables.

En ce que leur pâturage contient plus de sels que de sucs, les chevaux s'y montrent fins et vifs.

En ce que leur pâturage est à la fois vif et frais, les bœufs y sont ardents au travail.

Exemple : la gracieuse race bovine perfectionnée des Vosges.

Enfin , la chair des animaux , et surtout du mouton, y est savoureuse.

LES SOLS ARGILEUX.

Le sol d'argile pure ou glaise est impropre à la culture.

En effet, retenant l'eau sans la laisser filtrer , et sans se l'approprier , il fait éponge.

Le sol trop argileux est humide et froid pendant les trois quarts de l'année.

Ses produits sont tardifs et de qualité médiocre , et les froments y grainent peu.

A cause de sa compacité , il est difficile de trouver le moment de le labourer.

La plupart des plantes ne s'arrangeant pas des terres serrées qu'il constitue, le labour y est des plus pénibles.

Il doit à ce grave inconvénient son nom de *terre forte*.

Il ne devient fécond que sous l'amendement , l'assainissement et la fumure.

LES SOLS SCHISTEUX.

Le sol schisteux diffère peu , presque partout, du sol argileux , et , dans les pays granitiques , du sol quartzeux.

Argileux , tendre et de décomposition facile , il fertilise les eaux qui s'en écoulent.

Sa couleur noire lui donne la faculté d'absorber à un haut degré les rayons solaires.

Par suite, elle le rend précoce et propre à la culture de certaines plantes du midi.

Quand il vaut peu, certains agronomes attribuent son infertilité à un excès de magnésie.

Bon, il doit à l'addition d'un amendement, de devenir excellent.

LES SOLS CALCAIRES.

Le calcaire est un des éléments les plus essentiels de l'agriculture.

À la silice, pour laquelle il est un liant, il permet de retenir l'eau.

A l'argile, il apporte la faculté de se déliter.

Il la met à même de filtrer l'eau.

Il l'empêche de trop durcir au soleil.

Il neutralise les principes âcres et tannifères des terres tourbeuses.

Il fortifie les tiges des céréales.

Il est salubre et facile à travailler.

La plupart de ses produits sont excellents.

Sous le nom de *marne*, il fournit aujourd'hui les éléments de la vie végétative à des surfaces qu'on avait crues condamnées à une stérilité perpétuelle.

Cependant, pur ou presque pur, il est impropre à la culture.

En effet, le terrain qui contient 70 pour 100 de calcaire, s'appelle *crayeux*.

LES SOLS CRAYEUX.

Sujets à la gelée, les sols crayeux renferment un excès de calcaire, du sable fin, de l'argile, et peut-être du carbonate de magnésie.

Leur couleur blanche, en empêchant les rayons du soleil de les pénétrer, cause, à leur surface, une réverbération brûlante.

La craie absorbant et retenant l'eau, ils se sèchent, presque aussi vite qu'ils se mouillent.

Ils exigent, pour n'être pas stériles, des frais considérables de culture, et, par suite une fumure abondante et fréquente.

Pour les rendre productifs, sème de pins ce que tu n'as pas pu fumer.

Le pin fait de la terre.

Dans 60 ans, le terreau nécessaire sera formé, et alors seulement viendra le moment de défricher pour un semis de n'importe quelle céréale.

60 ans, c'est long !

Mais on ne fait pas un champ comme un discours, et le bon Dieu a mis six jours de plus de 24 heures pour créer le monde.

LES SOLS TUFFEUX.

Ce qui vient d'être dit des sols crayeux peut s'appliquer aux sols tuffeux.

LES SOLS MARNEUX.

Là où il n'y a que de la marne, la terre, quand elle est humectée, forme une bouillie.

En conséquence, les sols entièrement marneux ne sont cultivables que sous une complète transformation.

LES SOLS VOLCANIQUES.

De couleur noire ou noirâtre, les terres formées des scories des volcans soit actuels, soit éteints, sont légères.

Suffisamment pourvues de fraîcheur, elles ont une fertilité égale à celles des meilleurs sols.

On leur applique la même culture qu'aux terres sableuses ou à demi-sableuses.

Qui ne sait combien valent celles de l'Italie et de la Limagne ?

LES SOLS APPELÉS TERRES FRANCHES.

Les sols appelés *terres franches*, dont j'ai déjà dit la composition sont d'excellentes terres à froment.

LES SOLS A COUCHE DE TERRE ARABLE PRINCIPALEMENT COMPOSÉE DE TERREAU.

Les sols principalement composés de terreau sont les plus fertiles.

En effet, ils abondent en matières animales et végétales en décomposition.

Ensuite, le terreau y diminue la ténacité de l'argile, et rend les sables plus consistants et plus frais.

Cependant trop d'humus, surtout s'il est d'origine végétale, dispose le sol à se laisser gonfler par l'humidité, et affaisser par la chaleur.

LES SOLS TOURBEUX.

La tourbe est le résultat de la fermentation des végétaux dans l'eau.

Une bonne tourbière est aussi riche en calorique qu'une bonne forêt.

A cause de cet avantage, et parce que la tourbe ne peut être, sur place, assez débarrassée de son acidité, ne mets en culture que la mauvaise tourbière.

Quoi que tu fasses, tu transformeras difficilement les terrains de cette espèce en sols de moyenne fertilité.

Y étant parvenu, sois certain qu'après plusieurs années, la besogne sera à recommencer.

Pour les rendre productifs, ne ménage ni les fossés d'égouttement, ni les apports de terre, ni la marne calcaire, ni la fumure.

LES SOLS MARÉCAGEUX.

Couverts d'eaux stagnantes, les marais proprement dits ne conviennent pas à la culture des plantes alimentaires et fourragères.

Ils ne donnent des herbes, avidement recherchées des animaux, que quand ils sont naturellement un peu salés.

Ils ne se couvrent guère que de joncs et de roseaux.

Les herbes de la prairie marécageuse sont généralement peu nutritives, quand elles ne sont pas insalubres.

Après dessèchement, le pré marécageux devient, sous la fumure, une terre généreuse que tu n'as plus qu'à maintenir dans son état de fécondité.

Pays de marécage, pays où ni hommes, ni bêtes ne se portent bien.

Les bords de tout étang sont un marais.

LES SOLS MAGNÉSIENS.

Les sols dont la magnésie n'est pas saturée de gaz acide carbonique sont infertiles.

Il y en a qui ne se préoccupent, en aucune façon , de la présence ou de l'absence de la magnésie dans une terre.

LES SOLS DE TERRE DE BRUYÈRE.

La terre de bruyère est grandement utilisée par l'horti-culture.

Elle est peu productive dans la grande culture.

En effet, en été, elle se dessèche pour former, en hiver, un marais.

LES SOLS SABLO-FERRUGINEUX.

Les sols sablo-ferrugineux, sans excès d'oxyde fer valent mieux que les sols simplement sablonneux, et cela, en vertu de ce principe que, plus une terre est variée dans sa composition, meilleure elle est, et plus est grand le nombre de plantes auxquelles elle est avantageusement applicable.

LES SOLS SABLO-ARGILEUX.

Les terres sablo-argileuses où le sable siliceux abonde plus que l'argile, se placent, sous le rapport de la fécondité, près des terres franches.

Il ne leur faut qu'un amendement et une fumure ordinaire pour devenir excellentes.

Elles sont faciles à travailler.

A cause des deux extrèmes, l'un froid et l'autre chaud , qui les composent, elles s'accommodent de tous les engrais.

LES SOLS SABLO-ARGILO-FERRUGINEUX.

Les sols sablo-argilo-ferrugineux avec excès d'oxyde de fer ont besoin d'être bien fumés et arrosés.

Sans excès d'oxyde de fer, ils priment ceux qui sont simplement sablo-argileux ou argilo-sableux.

LES SOLS ARGILO-FERRUGINEUX.

Les sols argilo-ferrugineux où le fer n'est pas mêlé à du sable sont impropres à la végétation.

LES SOLS SABLO-CALCAIRES.

Amendés par l'argile , et pourvus d'un engrais frais , les sols sablo-calcaires sont excellents.

LES SOLS ARGILO-CALCAIRES.

Les sols argilo-calcaires amendés et suffisamment fournis d'humus forment de très-bonnes terres.

LES SOLS APPELÉS LANDES.

Les landes sont de vastes espaces où il ne croît que des genêts, des bruyères, et une herbe maigre, coriace et courte.

Elles doivent généralement leur infertilité au tuf ferrugineux qui en forme le sol, et à leur défaut de niveau.

Stériles à la superficie, elles offrent souvent, à quelques centimètres plus bas, une bonne terre.

Une plantation de pins peut les rendre cultivables, en les couvrant d'humus.

LES SOLS IMPRODUCTIFS.

Les terres susceptibles d'être considérées comme improductives sont les pâtis communaux et les propriétés particulières qui n'ont jamais été cultivées, ou qui, dès longtemps, ont cessé de l'être.

Elles sont arides, caillouteuses, couvertes de roches, sans humus, marécageuses, hérissées de plantes épineuses, ou couvertes de maigres pâturages.

Réunis, l'intelligence et le travail peuvent rendre fécondes bien des terres de cette espèce.

En conséquence, défriche, dans tes moments de loisir.

Défriche à peu de frais.

Ne défriche que ce que tu peux bien fumer et cultiver.

Enfin, en tout état de cause, n'expose pas, en les défrichant, les terres trop en pente à se raviner.

LES SOLS DE GRANDE, DE MOYENNE ET DE PETITE CULTURE.

La petite culture est celle qui rapporte le moins.

Des tours de force peuvent seuls l'amener à t'enrichir.

La moyenne culture est beaucoup plus avantageuse.

Elle est elle-même primée par la grande culture.

Celle-ci est celle qui se tire le mieux d'affaire.

Elle a moins que les deux autres, des bornages, des

prises d'eau, des servitudes, des chemins, des murs et des fossés.

Elle parque facilement son bétail.

Elle a peu de voisins.

Elle est libre de choisir la rotation qui lui convient le mieux.

Elle ne se sert guère que d'instruments perfectionnés de culture, de récolte, de conservation et de préparation des produits.

LES SOLS MORCELÉS A L'EXCÈS.

Avec des sols morcelés à l'excès, le laboureur perd une partie de son temps.à passer d'un champ dans un autre.

A cause de ses nombreux voisins, il ne peut ni labourer quand il le veut, ni ensemencer son champ des espèces de graines qui lui conviennent le mieux.

Je reviendrai plus loin sur ce sujet.

LES SOLS AVEC CLÔTURES.

Une propriété vaut mieux close qu'ouverte.

On y est chez soi.

On n'y a presque aucune dévastation à craindre.

Le sol mieux abrité y est plus chaud.

Le bétail y est plus tranquille.

On y laboure, sème et récolte quand on le veut.

Le mur est la meilleure, mais la plus coûteuse des clôtures.

Dans les contrées sèches et élevées, la haie vive offre un abri favorable aux troupeaux.

Le fossé indique la limite de la propriété.

Il assainit le domaine.

Il n'a pas, comme la haie, l'inconvénient de favoriser la multiplication des insectes.

LES SOLS, AU POINT DE VUE DES CHEMINS DE DESSERTE.

Les chemins rendent le domaine abordable.

Ils permettent d'enlever facilement la récolte.

LES SOLS, AU POINT DE VUE DES MOYENS DE TRANSPORT ET DE COMMUNICATION.

L'agriculture doit quelque chose aux concours, aux exemples, aux journaux et aux livres agricoles.

Mais elle doit cent fois plus à la multiplication et au perfectionnement des moyens de transport et de communication.

Tout sol près duquel une route vient à passer est destiné à devenir fécond, par ce motif que, rendu plus abordable, il sera mieux cultivé.

Le Sous-Sol.

LE RÔLE, LES AVANTAGES ET LES INCONVÉNIENTS DU SOUS-SOL.

Le sous-sol est le support du sol.

En d'autres termes, il est le lit de roche ou de terre sur lequel repose la terre arable ou végétale.

Bon, il est composé de substances qui, ramenées à la surface du sol, seront pour celui-ci, au bout d'un certain temps d'exposition à l'air, un stimulant ou un engrais.

Il est aussi formé de matières qui égouttent ou rafraîchissent le sol.

Grâce à sa nature et à sa pente, il s'égoutte facilement.

Mauvais, il est une roche peu couverte de terre.

Il renferme à l'excès des substances minérales.

Il ne peut être traversé par l'eau qni s'y corrompt.

En temps de sécheresse, la fraîcheur du sol tient à l'humidité du sous-sol.

La raison en est que l'humidité du sous-sol, attirée par l'évaporation de la surface, remonte en dessus comme l'huile attirée par une mèche en combustion.

Par malheur, cette favorable ascension n'a pas lieu pour la superficie des terres argileuses, à cause de la dure croûte qu'elle forme.

LES SOURCES.

Sais-tu à quoi tu dois les eaux qui coulent dans l'intérieur et à la surface de la terre ?

C'est à l'argile qui est pour elles un lit imperméable.

C'est à l'argile sans laquelle le globe ne serait, sous l'action du soleil, qu'un squelette brûlant.

Maintenant, veux-tu savoir comment on découvre les sources ?

Fais ce qu'en Afrique nos soldats font avec la sonde qui, même dans le désert, procure tout aussitôt de l'eau à l'Arabe et à son troupeau.

Place, avec espoir d'y trouver plus tard le précieux liquide, un pieu sur le lieu couvert de neige, où tu remarques que celle-ci ne tient pas.

Places-en un sur le lieu où le gazon perce la neige.

Places-en encore un là où, par un temps sec et serein, tu vois une vapeur.

La présence d'une source est également indiquée, sinon prouvée, par les signes ci-après.

Au moment du printemps, les endroits où la neige fond le plus vite.

Ceux où la verdure apparaît avec la teinte la plus foncée.

Ceux où les oiseaux d'hiver viennent se grouper.

En été, la rosée aux environs des lieux qui en sont ordinairement privés.

A côté de l'endroit où la chaleur fane et jaunit les plantes, une végétation vive et fraîche.

La présence des végétaux qui aiment l'humidité.

Les vapeurs qui, par un soir serein, s'élèvent à certains endroits.

La culture envahie par beaucoup d'herbes.

Le champ où les plantes tallent sans monter en graines.

Les lieux où la pousse des plantes est du vert le plus beau.

Le pré où, après la fauchaison, l'herbe repousse le plus promptement.

A l'arrière-saison, la présence du givre.

La Fertilisation des Terres.

LA DÉFINITION DES AMENDEMENTS ET DES ENGRAIS.

Toute opération qui fait du bien à la terre, la fertilise par cela même.

Toute substance utile à la végétation doit être ajoutée au sol où elle manque.

3.

En conséquence, le progrès agricole est presque tout entier dans la fertilisation des terres.

Par malheur, en France, la moitié des récoltes se perd par le défaut d'emploi de la moitié des matières fertilisantes dont le cultivateur peut disposer.

Il y a deux principales manières de fertiliser une terre.

On l'amende en la travaillant, en l'aérant, en lui incorporant des substances favorables à la végétation, ou en l'arrosant.

On l'engraisse, en la pourvoyant de matières qui, appelées *engrais*, contiennent les sucs nutritifs demandés par les plantes.

On amende, par exemple, un sol, par les labours de toute espèce, par l'épierrement, par des mélanges de terre, par des adjonctions de matières minérales, par le drainage, etc.

Quant aux substances minérales qui amendent, et qui, en d'autres termes, sont pour le sol des stimulants ou des toniques, elles sont le plâtre, le soufre, etc.

Elles sont aussi la chaux, la marne, la craie, le sel, les coquilles pulvérisées, etc.

Ne cachons pas pourtant que le point de démarcation entre les amendements et les engrais inorganiques est difficile à établir, à la satisfaction de l'universalité des agronomes.

Ainsi, il y en a qui n'accordent que le nom de *stimulant* ou de *tonique* au plâtre et au soufre.

Ainsi, il y en a qui considèrent soit comme engrais, soit comme constituant à la fois un amendement et un engrais, la chaux, la marne, la craie, le sel, les coquilles pulvérisées, etc.

Il y en a même qui demandent pourquoi l'on refuserait de reconnaître leur double qualité d'amendement et d'engrais, pour ne citer que deux exemples, à l'eau tenant en suspension des engrais organiques, et au labour qui, en rendant la terre arable accessible aux gaz, permet à ceux-ci, non-seulement d'en rendre solubles les matières minérales, mais encore d'y déposer des principes positivement nutritifs.

Cela dit, servons-nous des préceptes les plus capables de produire un effet, pour appeler sur la fertilisation des terres, la profonde attention qu'elle commande.

Veux-tu corriger ou stimuler ton sol ? amende-le.

L'amendement minéral divise le sol trop compacte.

A celui qui ne l'est pas assez, il donne du liant,

Il réchauffe la terre trop froide, surtout quand on l'emploie en poudre fine.

Il sèche le sol humide.

Il tue la mauvaise herbe.

Il n'est d'effet nuisible que sur le sol où abondent les principes qui le constituent.

La terre rend comme on lui donne.

Pourvoie-la donc de l'amendement qu'elle réclame.

Fouillez cette terre ; un trésor est dedans, disait à ses enfants un vieillard moribond.

Hé bien, le trésor indiqué était l'amendement constitué par le labour, l'écobuage, l'irrigation, le plâtrage, etc.

Point d'engrais, point de récolte, car l'engrais fait le blé.

Sans lui, point de bonnes terres.

Avec lui, point de mauvais terrains.

Semer sans engrais est semer sa ruine.

Un hectare de terre passablement engraissé en vaut deux qui ne le sont pas.

Si tu te joues de ton terrain, en ne l'engraissant pas, il se jouera de toi.

De tout ce qui se décompose, on fait engrais.

Pas de ferme plus propre que celle où presque tout devient engrais.

Le meilleur des engrais, le fumier, fait grains, tubercules, racines et fourrages.

Poignée de paille rend poignée de fumier.

Si tu n'as pas assez de fumier, tu as trop de terres.

Qui en a ne sait pas ce que c'est qu'une mauvaise année.

A petit fumier, petit grenier.

N'achète et ne cultive que ce que tu peux fumer.

Une terre, pour être fertile, veut être fumée de longue main.

Rien ne ressemble plus à l'ignorant qu'un terrain sans fumure.

Les destinées des plantes sont dans l'ordure, supplément de nourriture qu'elles ont besoin de trouver dans le sol.

Les destinées matérielles et morales de l'homme dépendent, par conséquent, de l'abondance et de la qualité de l'alimentation due par les plantes aux matières fertilisantes.

En effet, les populations et les classes où il y a le plus

de force , de bien-être et de civilisation sont celles qui se nourrissent le mieux.

Faire du fumier étant faire du progrès, fumons tout ce qui peut l'être, et pour plus de succès, joignons à l'engrais, l'amendement qui en complète l'effet.

LES OPÉRATIONS FERTILISANTES EN GÉNÉRAL.

Tu vas voir tout d'abord que la terre s'engraisse sous l'œil , sous les pas et sous la main du laboureur.

LE LABOUR.

Les gros et les petits instruments de labour incorporent l'amendement et l'engrais au sol où ils ont une action salutaire à exercer.

Par l'addition de ce que le sous-sol a de bon , ils augmentent l'épaisseur de la couche arable.

Ils mêlent ensemble les diverses substances dont le sol est composé.

Ils divisent la terre, l'ameublissent, l'aèrent, la rendent perméable à l'eau, et l'égouttent.

Ils la nettoient, en la débarrassant des plantes avides des sucs réservés aux plantes à cultiver.

Ils la consolident , dans l'intérêt des végétaux qui craignent d'être déchaussés.

Par conséquent, ils l'amendent, et, pour ainsi dire, l'engraissent.

Les labours préparatoires d'hiver sont ceux qui font le plus de bien au sol.

Au reste , les divers modes de labour offrent une importance si capitale, qu'ailleurs j'y reviendrai.

LE DÉFONCEMENT DU SOL.

On défonce le sol qui est improductif ou dont la couche arable est mince.

Les bons effets du labour de défoncement ne sont pas immédiats.

La raison en est qu'il ramène , à la surface du sol , une terre qui n'a jamais été exposée à l'action de l'air et de la lumière.

L'ÉPIERREMENT.

L'épierrement est nuisible là où de petites pierres échauf-fent ou drainent un sol froid.

Il est aussi de mauvais effet là où les pierres sont un obstacle à l'évaporation d'une humidité favorable au sol.

La pierre, quand elle est ronde, divise et dessèche le sol.

Quand elle est plate, elle l'abrite et lui conserve sa fraîcheur.

Faisant saillie dans la prairie, elle ébrèche la faux.

LES APPORTS DE TERRES.

Couvrir de terre le sol sans profondeur est incontestable-ment l'amender.

LES MÉLANGES DE TERRES.

Cette terre compacte ne produit rien, malgré sa pro-fondeur.

Transforme-la, à l'aide d'une terre plus légère qui l'a-meublisse.

Cette autre terre manque de consistance.

Donne-lui du liant par un mélange.

A ce sol argileux, mêle une terre chaude qui le fournisse de calcaire.

N'ayant pas assez de fumier, répands, au printemps, sur le sol, des petits tas de terre formés dès l'automne.

LE COLMATAGE.

Colmater un terrain est le rendre cultivable, en y sus-citant, la formation d'une couche de limon ou de sable.

LE DRAINAGE EN GÉNÉRAL.

Drainer une terre est l'assainir, en la débarrassant de son excès d'humidité, et, par suite, l'aérer.

Presque tout sol où pousse la prêle des champs est un terrain humide à drainer.

On draine à la manière des Anglais, nos maîtres en la matière.

On draine par rigoles souterraines qu'on remplit de pierres ou de bois.

On draine par puits perdus ou par fossés.

Le drainage obvie à l'extrême humidité du sol, comme je viens de le dire.

Il en diminue la sécheresse pendant l'été.

Il supprime l'eau stagnante, et rend celle de pluie, si chargée d'acide carbonique, apte, dans sa filtration du sol au drain, à décomposer les substances les plus dures.

Il lui procure la faculté d'être fertilisante, dès sa sortie du drain, car toute eau qui circule peut devenir féconde.

Il tue la mauvaise herbe, en lui ôtant sa raison d'être.

Avec l'amendement, la fumure et les labours qui le suivent, il double ou triple la récolte.

Il en augmente la qualité.

C'est pour avoir été mal pratiqué, ou appliqué à un sol ne le réclamant pas, qu'il est d'un effet nul ou nuisible.

LE DRAINAGE ANGLAIS.

Le drainage anglais est l'application au mauvais sol, d'un appareil respiratoire et circulatoire.

Cet appareil consiste en veines où vont librement l'eau, l'air, la chaleur et les principes fertilisants de toute nature.

Ainsi le drainage anglais rend le sol plus sec, dans la saison fraîche, et plus humide, dans la saison sèche.

Il nettoie le terrain et prévient le déchaussement des plantes par la gelée.

Il en augmente la porosité, et en rend l'irrigation efficace.

L'assainissement qu'il lui procure équivaut presque à l'augmentation de la profondeur du sol.

Il met l'eau de pluie et les substances fertilisantes y contenues, à même de pénétrer celui-ci.

Il empêche l'eau du sous-sol de monter, par l'effet de la capillarité, à la surface du sol.

Dès sa sortie du champ, l'eau qu'il entraîne se trouve, comme je l'ai déjà dit, devenue féconde.

Il rend possible, par l'ameublissement qu'il procure à la terre, la réduction des attelages.

Il permet de substituer, sur une terre débarrassée de son excès d'humidité, le labour à plat au labour en billon.

Enfin il accélère la végétation.

Plus il s'étend, plus, en faisant disparaître les causes d'insalubrité, il diminue les maladies et la mortalité des hommes et des animaux.

Voici en quoi il diffère du drainage ordinaire.

N'ayant jamais, comme celui-ci, l'inconvénient de se prêter à l'affaissement du sol, il consiste en tranchées parallèles entre elles, et au fond desquelles tu disposes, bout à bout, des tuyaux de terre cuite, de 33 centimètres de longueur.

L'espacement des tranchées dépend de leur profondeur.

Il dépend surtout de la nature plus ou moins humide ou compacte du terrain.

Dans un sol perméable, tu espaces plus que dans une argile tenace.

Dans une terre de cette nature, l'espacement doit varier entre 7 et 12 mètres, et la profondeur être d'au moins 120 centimètres.

Je dis *cent vingt centimètres*, pour indiquer que tu ne saurais trop prévenir les nuisibles effets de la capillarité.

Je le dis aussi parce qu'un drainage de moins d'un mètre de profondeur produit souvent un résultat à peu près nul.

Plus la tranchée est profonde, plus elle exige de largeur.

120 centimètres de profondeur comportent, par exemple, 40 centimètres de largeur.

Il va sans dire que la largeur va jusqu'au fond, en diminuant.

Pour les drains de desséchement proprement dits, tu te contentes de tuyaux d'environ 3 centimètres de diamètre.

Au fur et à mesure que le drain s'allonge, tu augmentes le diamètre suivant les lois relatives au mouvement de l'eau dans les conduites.

On voit des diamètres finir par être de 10 à 20 centimètres.

Manquant de gros tuyaux, tu en places, mais avec assez de désavantage, plusieurs les uns à côté des autres.

La tranchée creusée, tu t'assures qu'elle a, pour l'écoulement de l'eau, une pente d'environ 27 millimètres pour 30 mètres.

Tu évites les contre-pentes qui peuvent amener l'obstruction de la conduite.

Tu évites également celles qui seraient de nature à empêcher la circulation de l'air dans les tuyaux, et à détruire la ventilation des terres.

Les tuyaux doivent se toucher bout à bout, par plusieurs points de leur circonférence.

C'est par les vides compris entre ces points de contact, que l'eau s'introduit dans la conduite.

Plus les joints sont petits, moins l'obstruction est à craindre.

Au besoin, tu enveloppes le point de jonction des deux tuyaux, d'un collier de 6 à 10 centimètres de longueur.

Ce collier a un autre avantage.

Il prévient la disjonction des tuyaux et leur invasion par la boue, le sable et les chevelus engorgeants.

Fréquemment tu embranches tout un système de drains parallèles, sur un autre drain de grande dimension, appelé *collecteur*.

Le collecteur remplace avantageusement le fossé à ciel ouvert, et permet à l'air d'entrer facilement dans les drains, par leur partie inférieure.

Il coûte moins, ne nécessite pas d'entretien, et procure une économie de terrain cultivable.

Selon les pays, les sols, l'espacement des tranchées, leur profondeur, le prix de la main-d'œuvre, etc., le drainage à tranchées de 120 centimètres de profondeur coûte de 150 à 350 francs par hectare.

Insistons, en terminant, sur ce fait grave que, généralement, on draine d'une manière trop superficielle, et qu'on ne tient pas assez compte de ce que les drains peuvent être obstrués par les dépôts calcaires, les dépôts ferrugineux, les chevelus et les petits animaux.

Le drainage ne doit pas répondre des fautes de celui qui l'a mal compris.

Il doit encore moins répondre des déceptions de qui l'applique à la terre qui ne le veut pas.

LES EAUX D'ARROSAGE.

Sans l'eau aidée de la chaleur, il ne peut y avoir ni animaux, ni plantes.

Chaque goutte de ce liquide renferme un germe de fertilisation, et par suite de civilisation.

Aussi l'agriculture laissera-t-elle peu à désirer, alors que le dernier filet d'eau aura été jeté sur la terre, au profit des récoltes.

Bonne, l'eau procure à la terre qu'elle traverse, les matières stimulantes et fécondantes qu'elle porte avec elle.

Le fait est cause qu'on l'appelle la brouette aux amendements et aux engrais.

Elle rend solubles les aliments et les toniques nécessaires aux plantes.

Elle met le végétal repiqué ou planté, à la plus grande proximité possible des sucs humides dont il a besoin pour se nourrir, à l'instant même.

Elle affaiblit, si elle ne parvient pas à le neutraliser, l'effet de l'eau nuisible à laquelle elle est mélangée.

Par sa température élevée, elle réchauffe le sol, surtout quand elle vient d'une source.

Elle produit, sur la prairie, une abondante et belle verdure.

Les gazons qui sont les premiers à la recevoir, sont magnifiques, en ce qu'elle n'a pas eu le temps de laisser s'en aller tous ses principes fertilisants.

Elle est la bienfaitrice des terres perméables, brûlantes, graveleuses, sablonneuses et crayeuses.

Elle n'épargne les plantes parasites du pré, que sous un arrosage négligé ou mal conduit.

En hiver, elle féconde, et en été, elle rafraîchit le sol.

Froide en été, limpide, légère, sans saveur, s'échauffant et se refroidissant vite, dissolvant bien le savon, cuisant facilement les légumes, devenue, en tombant du ciel, des plus pures, des plus aérées et des plus potables, ou sortant soit d'une forêt de bois blancs, soit d'une rivière poissonneuse, elle est un trésor inappréciable.

Elle est le plus souvent d'autant meilleure, qu'elle provient de sources peu abondantes, et la raison en est peut-être que les principes qu'elle entraîne, en en sortant, s'y trouvent relativement en plus grand nombre que dans l'eau des sources d'une importance plus grande.

Cependant, si bonne qu'elle soit, elle ne dispense de fumer que quand elle tient en suspension beaucoup de matières fertilisantes.

Trop chargée de calcaire, elle a des propriétés incrustantes qui nuisent à la végétation, ou engorgent les tuyaux par où elle passe.

Trop froide ou trop chaude, elle peut être funeste.

Trop abondante, elle développe la tige aux dépens de la quantité et de la qualité de la graine, sans compter qu'elle nuit aux premières pousses de l'herbe.

Elle veut être répandue de telle manière qu'elle couvre le sol d'une mince couche d'eau, et que les petites tiges et les feuilles restent à l'air.

Ayant à s'écouler aussitôt après avoir exercé son action fertilisante, qu'elle arrose le sol compacte moins abondamment et moins longtemps que le terrain léger !

Aussi te faut-il prendre pour bases du dosage et de la durée de l'arrosage, la nature du sol, le climat, l'époque, la nature de l'établissement de la prairie, et des expériences bien conduites.

Arrose plus volontiers sous le climat chaud que sous le climat froid, et par la chaleur que par un temps doux.

Diminue les arrosages au fur et à mesure que l'herbe grandit, et que la température devient plus chaude.

Que l'irrigation de printemps soit de moins longue durée que celle d'automne !

Mets à sec la prairie avant le soir qui précède une gelée blanche.

Arrête l'irrigation quelques jours avant la fenaison.

La raison en est qu'elle ne convient pas à la récolte qui approche de la maturité.

Cependant un peu d'eau, au moment de la coupe, facilite la fauchaison.

En ce qui concerne l'époque de l'irrigation, ne commence l'arrosage de printemps, que quand les fortes gelées ne sont plus à craindre.

Fais-le moins durer que celui d'automne.

N'arrose d'eau trouble ni au printemps, ni en été.

Le motif en est qu'en cet état l'eau tient en suspension trop de matières salissantes.

Considère bien aussi le moment favorable à l'irrigation.

En conséquence, par les fortes chaleurs, n'arrose pas de jour, et irrigue par un temps couvert.

La mauvaise eau est celle qui a traversé une houillère, une terre ferrugineuse, une tourbière, un bois de chênes, ou des matières gypseuses.

Elle est celle qui est stagnante, qui provient d'un marais, ou qui s'est putrifiée sous la glace.

Elle est aussi celle qui, faute de pouvoir filtrer dans un sol argileux, s'y est corrompue.

Heureusement les eaux nuisibles peuvent être améliorées par des mélanges, par un assez long parcours à l'air libre,

sur une terre salubre , et par un séjour plus ou moins prolongé dans des réservoirs.

La bonne eau , tu le vois , fait l'herbe , ou au moins aide
à la faire, surtout quand tu n'as pas assez d'engrais.

Elle fait aussi le sol par la fraîcheur qu'elle lui procure ,
par le limon qu'elle lui apporte, et par l'action qu'elle y
exerce et y subit.

Quel usage exemplaire en ont fait les deux frères Dutac
des Vosges , théoriciens pris par les sots en profonde pitié ,
quand ils s'efforçaient de changer les grèves de la Moselle
en nappes de verdure !

L'ÉTABLISSEMENT DE LA PRAIRIE IRRIGABLE.

Dans les pays secs et montagneux , les irrigations sont
d'une importance immense pour toute espèce de culture , et
spécialement pour les prairies.

Le terrain gazonné étant un laboratoire où l'eau , en dissolvant l'engrais, le rend assimilable aux plantes , et, en se
décomposant elle-même , lui adjoint ses silicates et ses carbonates , crée surtout des prés irrigables.

Avant tout, sache que l'étendue à améliorer par l'arrosage
dépend non moins de la vitesse du courant que de la nature
et de la masse de l'eau.

Sache qu'à cause de sa composition chimique, une eau
favorable à un terrain peut nuire à un autre, et, par exemple , que bonne pour une terre argileuse, l'eau calcaire, sur
un sol riche en carbonate de chaux , ne vaudra pas l'eau
pure.

Sache encore que l'entrée et la sortie des eaux doivent
pouvoir être réglées avec facilité.

Pratique les arrosements au moyen de fossés ou canaux
ouverts dans une eau courante ou dans un vaste réservoir.

Etablis ces canaux de telle manière que, par une pente
douce et uniforme , ils conduisent les eaux sur le terrain à
irriguer.

Par de nombreuses rigoles disposées en zig zag , pour
qu'elles ne ravinent pas le sol, répands les eaux dans toutes
les parties du champ.

Ce sera procurer aux plantes l'humidité qui doit leur faire
faire merveille.

Au besoin , abaisse en mince talus , le sol à gazonner.

Ce sera prévenir l'érosion du pré sujet à inondation.

Convertis en prairie irrigable , le sol frais , humide ou sujet à inondation.

Agis de même à l'égard du sol sec et en pente modérée sur lequel tu pourras diriger assez d'eau.

Irriguée, la terre calcaire produit un fourrage magnifique, délicieux et nourrissant.

Irriguée, la terre argileuse tenace, fera une médiocre prairie.

Tu ne la rendras passable qu'à l'aide d'un drainage , d'un amendement et d'une fumure.

Irrigue moins que toute autre la terre bien fumée.

L'effet de l'eau sur les prairies submersibles n'est pas aussi fécondant que sur les prairies arrosées par déversement.

Pour un même sol , les prairies submersibles exigent beaucoup moins d'eau que celles qui sont disposées en ados.

Ton devoir et ton intérêt sont , ne l'oublie pas , de curer les rigoles d'égouttement.

Ils sont de maintenir l'horizontalité.

Ils sont de nettoyer les rigoles de déversement, d'alimentation et de distribution.

Ils sont enfin de conserver avec grand soin les ouvrages d'art.

Si, avant de te résoudre à l'irrigation , tu veux ne rien ignorer de ce qu'elle est et de ce qu'elle peut , vois pour le riz, les rizières de l'Italie.

Pour la luzerne, vois certaines parties du sud de la France où on la coupe six fois.

Vois , pour les plantes de la prairie naturelle , la partie accidentée des Vosges qu'elle a transformée avec l'aide des inspirations du montagnard , des exemples donnés par les frères Dutac , de la prédication imprimée de deux ou trois comices, et surtout des primes décernées par la société d'Emulation , aux plus beaux succès agricoles.

Ayant vu , examine , car l'observation fait la moitié du laboureur.

Puis, revenu dans ton pays , mets-toi à l'œuvre, et à ton tour , donne des exemples.

DONNÉES COMPLÉMENTAIRES SUR LES EAUX D'ARROSAGE ET SUR L'IRRIGATION.

Aux données qui précèdent, j'ajoute en substance celles qu'en ce moment je trouve dans un excellent mémoire qui me tombe sous la main.

En agriculture, l'emploi de l'eau a deux buts bien distincts qui sont :

1° L'humectation à défaut de pluies estivales.

2° La fertilisation par les matières que l'eau tient en suspension.

Dans le premier cas, l'irrigation d'été est généralement très-épuisante.

En effet, l'eau même bonne agit plutôt comme stimulant que comme agent réparateur.

De là, nécessité dispendieuse du concours de l'engrais.

Dans le second cas, l'irrigation d'hiver, de printemps et d'automne a un résultat tout différent.

Fertilisant la terre, au lieu de l'épuiser, elle tient, jusqu'à un certain point, lieu d'engrais.

De là entre les deux espèces d'emploi de l'eau, la différence d'un excitant à un aliment.

Ainsi, pour aller droit à la connaissance des bonnes pratiques d'irrigation, étudions les circonstances dans lesquelles la présence de l'eau dans les prairies exerce une influence fâcheuse ou favorable.

L'action malfaisante de l'eau est d'autant plus grande.

1° Que l'eau est plus stagnante.

2° Que la stagnation est de durée plus longue.

3° Que la végétation est plus active.

4° Que le terrain est plus maigre, plus froid ou plus acide.

5° Que l'eau est plus crue.

6° Que la chaleur est plus intense.

7° Que les rayons du soleil sont plus ardents.

Par contre, l'action bienfaisante de l'eau est d'autant plus grande.

1° Que le passage de l'eau sur le sol a lieu avec vitesse.

2° Que la durée, de son séjour sur la prairie décroît en proportion de l'activité de la végétation.

3° Que le terrain est moins aride, et l'eau meilleure.

4° Que la température est moins élevée, et la lumière solaire moins vive.

La disposition du sol. — Au moyen de travaux dont la description exigerait un livre, on dispose le sol de telle manière qu'il puisse être instantanément desséché ou couvert d'eau.

Les conditions du sol. — Au moyen de l'assainissement et

de l'irrigation , on convertit très-difficilement en prairies naturelles arrosables, certains terrains calcaires ou sableux, à cause de leur excès de perméabilité , à moins de les couvrir à la longue de sédiments argileux tenus en suspension par les eaux irrigantes.

Dans les prés traités avec toutes les ressources de l'art, et irrigués avec de bonnes eaux , l'épaisseur de la couche végétale et les matières du sous-sol sont moins à considérer que pour les terres arables.

Dans tous les sols , la qualité de l'eau importe plus que celle du terrain.

Ainsi les sols sans profondeur et à sous-sol imperméable, acide ou ferrugineux , peuvent , avec les terrains improductifs tourbeux ou marécageux assainis , être convertis en prairies de bon rapport , si les eaux sont riches , bien employées , et , au besoin , secondées par des engrais.

Les conditions de pente. — Une condition bien importante est la vitesse avec laquelle l'eau circule à la surface de la prairie.

Cette vitesse ne peut être due qu'à la pente.

Or, la pente est d'autant plus utile que le terrain est froid ou acide , ou que l'eau est de qualité médiocre.

Elle peut être très-faible sur les terrains riches , surtout s'ils ne sont pas dépourvus de calcaire , et sur ceux qui sont peu sujets à se couvrir de plantes marécageuses.

En tous cas , elle doit être d'au moins 2 millimètres par mètre , là même où la déclivité est le moins nécessaire.

La qualité de l'eau. — Si , au bord d'un courant, le limon déposé est de bonne qualité, ou si la végétation en excellentes plantes est vigoureuse , l'eau est bonne.

La meilleure eau est celle qui , dans un long parcours au milieu de bonnes terres et dans des lieux peuplés , s'est chargée de fertiles limons ou de matières organiques.

La moins bonne est celle qui dissout avec difficulté le savon , qui se refroidit et s'échauffe lentement , qui sort de forêts de chênes ou de marécages , et qui a traversé des substances minérales nuisibles à la végétation.

Pour la corriger , on établit, en tête de la prairie, un vaste réservoir qu'on fait communiquer avec le canal d'amenée.

On y met croupir toutes sortes de matières putrescibles.

L'eau de pluie étant très-bonne , on la recueille dans un

réservoir où aboutissent les eaux de fumier du voisinage.

La quantité d'eau. — Les arrosages méridionaux qui ont pour objet de combattre la sécheresse exigent très-peu d'eau.

M. Nadault de Buffon évalue, pour l'Italie septentrionale, la quantité à un litre d'eau continue par seconde et par hectare.

L'auteur du mémoire analysé la trouve beaucoup trop faible pour le bassin de la Loire où nous avons à remarquer qu'il se place , et où, en automne et en hiver , un volume d'eau centuple n'est pas de trop.

Au reste , le volume d'eau doit varier suivant la qualité de l'eau , la nature du terrain et la disposition de celui-ci.

Par suite , l'irrigation doit être d'autant plus grande.

1° Que l'eau est moins riche.

2° Que la composition et le degré d'épaisseur du sol en exigent beaucoup.

3° Que les pentes partielles sont plus faibles.

4° Que la pente générale permet moins d'employer plusieurs fois la même eau dans la prairie.

Les époques et la durée des irrigations. — Saisissons , pour commencer l'irrigation d'hiver, l'occasion des premières grandes pluies d'automne qui gonflent les ruisseaux, et en font troubler l'eau par toutes sortes de matières fertilisantes.

Les premières irrigations sont d'abord de peu de durée.

Elles sont suspendues pendant les jours chauds et sereins.

Elles sont prolongées successivement , à mesure que les pluies deviennent plus continues , et que la température s'abaisse.

Ainsi , en octobre et en novembre, et jusqu'à ce que le froid devienne vif, on peut irriguer d'abord pendant trois ou quatre jours consécutifs , et retirer l'eau pour un intervalle de temps soit à peu près égal , soit plus grand , quand la pluie a cessé.

Si, à la fin de cette première phase de l'automne, le temps devient humide ou froid, on peut, en général, irriguer sans discontinuité , dès la fin de décembre.

Ici, notons que l'auteur du mémoire analysé dit avoir acquis la certitude que, loin de nuire à la prairie, l'irrigation pendant les gelées lui est avantageuse , pourvu que l'eau dans l'état liquide ne soit pas stagnante.

La raison principale en est qu'elle amène la disparition des plantes marécageuses et des mousses.

La plus grande rigueur de l'hiver étant passée, les irrigations ne doivent plus être données que par des intermittences de jour en jour plus éloignées, et préférablement pendant les jours froids, pluvieux et couverts.

Elles doivent cesser à l'arrivée des vents vifs et desséchants qui soufflent aux approches de l'équinoxe du printemps.

A cette époque, la végétation se réveille par un travail au moins intestin qu'il est de la plus grande importance de ne pas troubler.

Ici la tâche de l'irrigateur devient difficile à tracer.

Aussi a-t-il besoin d'un tact et d'une circonspection extrêmes, quand il opère sur des terres maigres et avec des eaux peu riches.

Dans tous les pays froids et tempérés, et dans les années où ne sévit pas une grande sécheresse de printemps, l'irrigation d'automne et d'hiver bien conduite suffit pour assurer l'abondance de la première coupe de fourrage.

A ce qui vient d'être dit, ajoutons que, l'irrigation cessant, il faut viser à ce que le terrain se ressuie promptement.

Ajoutons aussi qu'on doit pouvoir arroser séparément les différentes parties de la prairie, afin de les faire profiter également du bénéfice de la première eau.

Les arrosages. — C'est surtout dans les pays chauds que les arrosages produisent des effets prodigieux.

La chaleur et l'humidité s'y favorisent l'une l'autre, avec une plus grande activité qu'ailleurs.

Dans nos contrées tempérées, l'arrosage d'été produit des effets très-marqués dans les sols chauds ou fertiles, et faibles dans les terres froides.

Mal appliqué à celles-ci, il leur est même nuisible.

En effet, il ajoute aux mauvais principes que le terrain recèle.

Il asphyxie en quelque sorte les bonnes plantes.

Il détermine l'invasion des mousses et des plantes marécageuses.

Résumons-nous en ce qui concerne les parties de la France dont le climat est tempéré.

N'arrosons pas pendant la chaleur du jour.

Ne refroidissons pas trop brusquement la terre par une irrigation surabondante.

Considérons qu'on est dans les meilleures conditions d'arrosage,

1o Quand le terrain est calcaire ou doit à des engrais la chaleur nécessaire.

2o Quand l'eau est bonne.

3o Quand la pente assure à celle-ci un rapide et entier écoulement.

Dans l'intérêt de la production fourragère, chargeons simplement l'arrosage d'été d'empêcher le gazon de souffrir d'une trop longue sécheresse.

En effet, si, après les irrigations d'hiver, la végétation restait dans un excès d'humidité, les plantes deviendraient trop aqueuses, se réduiraient à un petit nombre d'espèces, et desséchées, formeraient un mauvais foin.

Dans le bassin de la Loire, par exemple, il arrive rarement aux prés abondamment irrigués pendant l'hiver, d'avoir besoin d'arrosage avant la première récolte de foin.

C'est donc en juin ou juillet que, pour favoriser la pousse du regain on y commence l'arrosage.

En conséquence, n'arrose pas en avril, à l'exemple du midi de la France qui fait exactement l'opposé de ce qu'il lui faudrait faire.

N'attendons pas, pour arroser, que la terre soit desséchée et que les plantes aient jauni.

Choisissons le soir, pour mettre l'eau sur les prés.

Retirons-l'en, au point du jour.

Si les rigoles d'irrigation sont assez rapprochées pour que l'intervalle puisse s'humecter par infiltration, dispensons-nous de les faire déborder.

Si l'eau manque pour humecter simultanément toute l'étendue de la prairie, disposons les canaux et rigoles de manière à pouvoir en arroser isolément chaque portion.

Dans les sols froids et acides, arrosons dans le simple but d'empêcher les plantes de se dessécher.

Dans les bons terrains, stimulons la végétation par d'assez fréquents arrosages.

Quelles que soient la nature du sol et la qualité de l'eau, tâchons qu'il n'y ait pas d'eau à la surface du pré, pendant la chaleur du jour.

4

Enfin , tendons à ce qu'après chaque arrosage , la surface irriguée soit parfaitement ressuyée.

Maintenant , cher laboureur , sais-tu pourquoi j'insiste tant sur l'irrigation qui est, comme les autres branches de l'agriculture , une science de localités et de procédés ?

C'est que , généralisée , elle produira d'immenses résultats qui seront :

1o Une augmentation prodigieuse dans la production fourragère.

2o Des crues partielles plus lentes à s'écouler.

3o De moins impétueuses crues générales dans les grands cours d'eau.

4o Des inondations moins désastreuses.

5o Une diminution dans les attérissements à l'embouchure des fleuves.

6o Un amoindrissement correspondant dans l'exhaussement du lit de ceux-ci.

LA MISE DES TERRES EN JACHÈRE MORTE.

Une terre en repos est momentanément perdue pour la production.

En conséquence , ne mets en jachère morte ou pure que le sol que tu n'as pas d'autre moyen de refaire et de nettoyer.

L'ÉCOBUAGE.

L'écobuage stimule et féconde tout à la fois la terre.

Il est l'incinération des fragments, des tiges et des racines de végétaux adhérents à une terre.

Il est aussi le brûlis de la terre ainsi dépouillée.

Bien appliqué et bien opéré , il modifie favorablement les propriétés du sol.

Il débarrasse la couche labourable des mauvaises herbes qui l'infestent.

Il détruit les insectes nuisibles.

Il ajoute à la puissance des engrais.

Il permet , surtout quand il a lieu à de longs intervalles , d'en réduire le dosage.

Les plantes ombellifères , comme la carotte , et la plupart des légumineuses s'en trouvent bien.

Il a lieu, par un temps chaud, au printemps ou en été.

Mets le gazon et chaque plaque de terre à même de sécher avant le brûlis.

Ecobue principalement les vieux prés et les marais desséchés.

Ecobue surtout soit le terrain tourbeux, soit le sol argileux qui a le plus besoin d'être ameubli.

Sans le concours de beaucoup de fumier, l'écobuage convient peu aux terres légères, et sablonneuses.

En Irlande, l'argile brûlée est la base de la culture des pommes de terre.

Dans d'autres pays, on ne s'est pas bien trouvé de l'avoir employée.

Il faut si peu de chose pour empêcher de réussir ici ce qui réussit là !

Les Matières fertilisantes soit minérales, ou minéralisées, soit organiques transformées.

L'ARGILE.

L'argile, si elle joint aux inconvénients plus haut indiqués, ceux de produire des fourrages peu succulents, et d'exiger de fréquents et d'énergiques labours, peut amender une terre inconsistante ou trop calcaire.

LE SCHISTE.

Argileux, tendre, et de décomposition facile, le schiste est un amendement qui convient aux terres siliceuses ou calcaires.

Il convient aux mêmes terres quand il tient le milieu entre les schistes primitifs et les schistes secondaires.

LA SILICE.

La silice raie le verre.

Elle est blanche, blanchâtre, colorée en rouge, et souvent presque aussi transparente que le verre.

Elle prend, sous ses différents aspects, les noms de *quartz*, de *cristal*, de *jaspe*, de *calcédoine*, d'*onyx* ou d'*agathe*.

Elle n'est soluble ni dans l'eau, ni dans les acides.

Un fondant est indispensable pour en faciliter la fusion.

Aussi, pour s'assurer, dans une certaine mesure, du contenu en silice, d'une argile, verse-t-on dans un vase, sur l'échantillon, de l'eau bouillante qui dissoudra l'alumine.

La silice abonde là où croissent spontanément et vigoureusement l'avoine à chapelets, la petite oseille, le genêt commun, la bruyère commune, etc.

L'acide silicique qui en provient est une condition d'autant plus importante de la bonté d'une terre, qu'il fortifie, par exemple, les tiges des céréales.

En outre, à l'état de petits grains quartzeux, la silice a la propriété d'aérer, en les divisant, les terres compactes.

LA CHAUX.

Comme la marne calcaire, la craie, etc., la chaux doit sa vertu fertilisante à ce qu'elle n'a pas cessé de renfermer le principe de vie dont les mollusques qui l'ont produite furent jadis animés.

Elle aide beaucoup à la décomposition des animaux morts.

Le motif en est qu'elle a un grand penchant à reprendre l'acide carbonique qu'elle a perdu par sa cuisson au four.

De là sa propriété de pourvoir d'humus les terrains pauvres, en convertissant, dans le sol, les fumiers en terreau.

Elle met en liberté les alcalis renfermés dans la terre.

En même temps, elle favorise la formation des silicates solubles dont les céréales sont avides.

Elle débarrasse le sol de sa causticité.

Elle l'ameublit.

S'il est humide, elle le corrige.

S'il est trop léger, elle le rend plus consistant, et empêche la récolte de verser ou de se déchausser.

Elle est d'un merveilleux effet sur les terres compactes qu'elle divise, et sur les terres froides qu'elle réchauffe.

Elle est utile même aux champs tenaces pourvus de calcaire.

Elle prépare très-bien l'avènement du trèfle et de la luzerne.

Elle nettoie les arbres moussus et les prés humides.

Elle fait périr insectes et limaces.

Son effet n'est pas toujours immédiat.

Il est moins durable , mais plus rapide que celui de la marne.

Dans les terres légères , elle est facilement entraînée par l'eau.

Employée en même temps que le fumier, elle l'appauvrit.

Elle est de nul effet sur certains limons non calcaires.

La raison en est que , se combinant avec la silice impalpable, elle y forme des particules insolubles.

Elle veut être sagement appliquée à la terre sablonneuse à laquelle elle peut faire grand bien.

Elle ne doit pas te dispenser , pendant plus d'une année , de fumer le champ sur lequel tu l'emploies.

Il y a deux espèces de chaux.

D'abord la chaux grasse, pure ou foisonnante.

Puis la chaux maigre, hydraulique , argileuse , magnésienne , marneuse ou siliceuse.

La chaux grasse ne renferme point de substances étrangères.

Elle s'obtient de la calcination du calcaire pur ou presque pur.

La chaux maigre est produite par la calcination des pierres non composées de calcaire à peu près pur.

La chaux grasse foisonne plus que la maigre.

Autrement, absorbant beaucoup plus d'eau que celle-ci , elle donne plus de mortier.

La chaux hydraulique a la précieuse faculté de durcir promptement , surtout à l'humidité.

'Elle est la chaux de la maçonnerie.

LE CHAULAGE DES TERRES.

Chaule avec la chaux grasse , par ce motif qu'elle ne renferme pas de matières étrangères nuisibles.

Ne chaule pas les terres où le calcaire abonde.

Ce n'est pas fertiliser un sol que d'y amener les éléments qui y foisonnent.

Chaule sans crainte le sol argileux, tourbeux ou schisteux, en ce qu'il est dépourvu de calcaire.

Regarde comme ayant besoin de chaux celui où croissent spontanément la fougère , l'oseille rouge , la bruyère , l'avoine à chapelets, le châtaignier et les arbres résineux.

4.

Le chaulage a lieu principalement en automne, quand les terres ont été déchaumées.

Avant de chauler le sol humide, dessèche-le.

S'il est trop humide, donne-lui, non de la chaux, mais de la marne, quand tu peux en avoir.

Un labour profond est un excellent préliminaire de l'opération.

Plus le sol est profond ou frais, plus il exige de chaux.

Plus les chaulages sont répétés, moins il faut de chaux.

Plus ils sont copieux, plus l'intervalle à mettre entre deux opérations doit être long.

La chaux se met vive sur les terres humides.

Elle se met éteinte sur les sols secs.

Ne l'enterre pas dans le sol, au moment des semailles.

Quand elle est étendue sur le champ, la pluie lui nuit, et le soleil lui est favorable.

Répands-en sur chaque hectare, de 50 à 200 litres, suivant la nature et les besoins du sol.

Rosse tous les jours, dit Jacques Bujault, le laboureur qui ne chaule ni champs, ni grains.

En effet, dans bien des contrées privées de bonnes marnes, le chaulage a transformé l'agriculture.

LA MARNE CALCAIRE.

Tout sol où croissent spontanément le tussilage, le pas-d'âne, le mélampyre des prés, la ronce, etc., peut avoir pour sous-sol de la marne.

Peu de pays en sont dépourvus, et le moyen de trouver ce trésor agricole est de le chercher, à l'aide de la tarière de terre.

La marne est une argile calcaire qui, sur cent parties peut en renfermer plus de 90 de calcaire.

On la reconnaît, sous tous ses aspects, à ce qu'elle se délite assez facilement à l'air.

Elle est du plus favorable effet sur les engrais, sur le sol, sur l'humus et sur les plantes.

Elle décompose les fumiers enfouis par le labour.

Elle en rend solubles la plupart des sucs tannifères et humifères.

Elle introduit ces sucs dans la circulation végétale.

Elle fixe dans le sol, pour l'usage des plantes, les engrais des terres siliceuses, trop souvent entraînés par les pluies.

Elle change entièrement la nature de l'humus végétal, en le débarrassant de son acidité.

Elle procure au sol des éléments que celui-ci n'a pas en quantité suffisante, ou qui lui manquent.

Parmi ces éléments, la chaux tient le premier rang, tant à cause de son abondance que de ses effets prodigieux sur la plupart des plantes.

Par conséquent, elle sauve, en l'en fournissant, la terre qui n'a pas assez de calcaire.

Elle sauve également celle dont le calcaire est descendu dans le sous-sol.

Disons, en passant, que l'élément calcaire est le seul qui se soustraie abondamment du sol, soit par les végétaux, soit par le charriage des pluies, soit par l'infiltration de ses molécules tenues dans le sol.

Ainsi, des terrains qui, à une époque donnée, avaient assez de calcaire, s'en sont vus privés plus tard.

L'argile et la silice, au contraire, pourraient être appelées *éléments persistants*.

En effet, elles sont peu absorbées par les végétaux, et les agents atmosphériques n'ont pas une grande action sur elles.

Elles forment, au reste, le gros, le milieu du sol dont le calcaire peut être considéré comme l'essence et le condiment.

La marne est, par exemple, comme la chaux, la providence des sols argileux.

Elle les divise par la faculté qu'elle possède de s'exfolier.

Elle les assainit, les dessèche et les empêche de se mettre en mottes.

Elle en rend la culture plus facile.

Elle en augmente la chaleur.

Elle améliore jusqu'aux terres sèches et chaudes.

Elle rend les sols siliceux moins meubles, moins brûlants en été, et moins humides en hiver.

Elle les empêche de se raviner et de perdre leur humus.

Elle permet de travailler les terres compactes, peu de temps après la pluie.

Elle peut doubler le produit des récoltes.

Elle favorise surtout l'absorption par les feuilles, des gaz de l'atmosphère.

Elle stimule les légumineuses fourragères.

Elle est du même effet sur les récoltes sarclées qu'en même temps elle nettoie.

Elle fait beaucoup grainer les fèves et les pois.

Elle convient fort à l'orge, au maïs et au trèfle.

Elle change les sols à seigle en sols à froment.

Elle détruit la mousse des prés et toutes les plantes qui viennent d'elles-mêmes.

Elle donne aux fruits des arbres un parfum délicat.

Elle communique aux vins fins un excellent bouquet.

Elle est un précieux élément de formation des composts.

Elle désinfecte les étables et les vidanges.

Elle assainit les caves.

Employée à l'excès, elle fait verser les céréales.

Employée sans le concours de l'engrais, elle laisse, au bout d'un certain nombre d'années, une terre très-difficile à remettre en bon état.

Avant de t'en servir, analyse-la, ou fais-la analyser.

LE MARNAGE DES TERRES.

Si tu ne laisses pas la marne se déliter presque entièrement, à la carrière, conduis-la sur le sol, en automne, époque où l'eau, la pluie et la gelée l'émietteront.

Pour le marnage, tu dois avoir égard à la nature du sol et à son degré d'humidité et de profondeur.

Tu dois aussi avoir égard à la richesse de l'engrais minéral.

Les sols tourbeux sont ceux qui, à cause de leur extrême acidité, demandent le plus d'excellente marne.

Les sols argileux en exigent plus que ceux qui sont siliceux.

Ceux qui sont humides en réclament plus que ceux qui sont secs.

Ceux qui sont profonds en veulent plus que ceux qui sont superficiels.

Non encore délitée, elle ne doit pas être mise en terre.

Soustraite à l'action atmosphérique, avant d'être répandue, elle resterait en roche dans le sol.

Mise en tas sur la prairie, au lieu d'y être étendue au râteau, elle pourrit les racines des plantes.

Après quinze ans, elle est à peu près de nul effet.

La raison en est que presque tout son calcaire a disparu.

Dans un sol non tourbeux, un second marnage doit être beaucoup moins abondant qu'un premier marnage.

Moins la marne se délite facilement, plus il en faut, mais plus son action se prolonge.

Selon la nature du sol et la richesse plus ou moins grande de l'engrais minéral, un premier marnage peut être de 30 à 200 mètres cubes par hectare.

LA MARNE ARGILEUSE.

Marne médiocrement et fréquemment, et songe que l'abus de la chaux vive peut amener la terre à une complète infertilité.

Ces recommandations ne s'appliquent pas à la marne argileuse, en ce qu'elle est sans calcaire ou en contient beaucoup moins que d'argile.

Cette marne affermit le terrain léger, et, presque uniquement composée d'argile, est de bon effet sur le sol calcaire.

Il se peut que la marne pauvre en calcaire, comme celle qui en contient beaucoup, conserve quelques restes du sel marin qui l'a imprégnée, alors qu'elle formait le fond de la mer.

Deux couches de marne se trouvant superposées, l'une peut être argileuse et l'autre calcaire.

Toute opération agricole devant rapporter un bénéfice prochain ou éloigné, ne marne pas à trop grands frais.

Veux-tu t'assurer de la quantité de calcaire ou d'argile que contient une marne?

Verse un acide sur ton échantillon.

Cet acide dissoudra le calcaire sans attaquer l'argile et le sable.

Dans une certaine quantité d'eau fortement agitée, le sable se séparera ensuite de l'argile qui reste, et, comme plus pesant que celle-ci, se déposera au fond du vase.

LA MARNE CRAYEUSE.

La marne crayeuse est inférieure aux autres, principalement en ce que le dessèchement en fait une masse solide que l'air ne peut facilement pénétrer.

LA CRAIE.

On attribue la complète infertilité de la craie pure, à ce qu'après la pluie qui l'a battue, elle s'encroûte, à ce que sa couleur blanche repousse les rayons du soleil , et peut-être à l'effet de la magnésie qu'elle contient.

Cependant , elle supplée jusqu'à un certain point, comme engrais minéral, la chaux et la marne , surtout quand, tendre et savonneuse , elle est enfouie par un beau temps.

Ne voulant pas l'employer pulvérisée , convertis-la en chaux vive.

LE TUF CALCAIRE.

Bien délité à l'air et pulvérisé, le tuf calcaire peut, comme engrais minéral, remplacer la craie.

Formant le sous-sol d'un terrain, il est susceptible d'améliorer le sol peu calcaire auquel, chaque année , il est sagement mêlé par la charrue.

LE PLATRE.

A raison ou à tort , le plâtre passe pour être capricieux.

Dans le pré naturel, il favorise les légumineuses aux dépens des graminées.

Il rend les haricots , les pois et les lentilles d'une cuisson difficile.

Il rend trop luxuriante la végétation fourragère destinée à porter graine.

Il rend les plantes aqueuses.

Il donne aux légumes une mauvaise qualité.

Employé sans le concours de la chaux , il purge le bétail.

Voilà ses défauts constatés , et maintenant , voici ses qualités.

Combiné à la chaux éteinte à l'eau , il est un des plus utiles agents de la végétation.

Le bon effet qu'il exerce sur les terres fortes est d'au moins deux ans.

Il convient au mûrier, à la vigne, au chanvre, aux plantes ombellifères , à la jarosse , aux fèves , aux haricots et aux pois.

Il rend magnifiques le trèfle , la luzerne , le sainfoin et la lupuline destinés à ne pas porter graine.

Selon les autres, il doit ses bons effets à la manière dont se combinent en lui son principe sulfureux et son principe calcaire.

LE PLATRAGE DES TERRES.

Il est à peu près indifférent que le plâtre soit brûlé ou non.

Ne plâtre pas la terre humide.

Ne plâtre ni par la pluie, ni par le vent.

De mars à fin d'avril au plus tard, répands le plâtre sur les plantes, quand elles se mettent à couvrir le sol.

Répands-le à la volée, le matin ou le soir, pendant la rosée.

Répands-le aussi, du matin au soir, quand les plantes ont été légèrement mouillées.

Répands-le, si tu le veux, en même temps que la semence.

Jettes-en deux ou trois hectolitres sur chaque hectare de terrain.

Heureuse la culture qui vient après un trèfle plâtré !

Dans les étés secs, le plâtre attend, pour bien agir, jusqu'à l'année suivante.

LES FALUNS.

Les faluns sont une espèce de marne qui renferme beaucoup de coquilles fossiles.

Ils contiennent un principe azoté et phosphoré.

Ils diffèrent peu de la marne calcaire par leur effet.

Peu sensible dans la première année, cet effet dure au moins dix ans.

Ils se répandent desséchés sur la terre.

Ainsi, plus nous allons, plus tu vois que les véritables principes fertilisants existent dans les substances qui, ayant joui de l'organisation, sont, sinon seules, au moins les plus propres à la transmettre.

Par ce motif, réduit en poudre, le calcaire qui forme le fond des anciennes mers, supplée, jusqu'à un certain point, les faluns.

LES COPROLITHES.

Les coprolithes sont des excréments pétrifiés d'animaux antédiluviens.

Sur cent parties, ils en renferment au moins 45 de phosphate de chaux.

C'est une preuve de plus que les substances qui, dans les temps les plus reculés, ont joui de la vie animale, sont perpétuellement aptes à en communiquer l'esprit, et ne le perdent qu'en le transmettant.

LA TANGUE.

La tangue est un limon de la mer formé de coquilles modernes, comme déjà je l'ai dit.

Elle contient beaucoup de savon animal et de sel marin.

Après l'avoir dessalée et desséchée, répands-la sur la terre argileuse.

Son utilité t'indique ce que pourraient, sur cette espèce de terre, les coquilles d'huitres que tu aurais pulvérisées, au lieu de les laisser se perdre.

LE PHOSPHATE FERRICO-CALCIQUE.

Le phosphate ferrico-calcique contient beaucoup d'acide phosphorique.

Sous forme de concrétions mamelonnées, il abonde au milieu ou dans le voisinage des terrains crayeux.

Emploie-le pulvérisé et mêlé soit de substances azotées, soit de 25 pour cent d'acide sulfurique.

Sur une terre assez pourvue de phosphate de chaux, il sera à peu près de nul effet.

L'APATITE.

L'apatite est une chaux phosphatée pouvant renfermer 80 pour 100 de phosphate de chaux.

Mets-la sur la terre qui s'arrange du plâtre.

LE SOUFRE.

Le soufre n'est pas seulement un remède aux maladies de beaucoup de végétaux.

Il développe la végétation des plantes.

Il en favorise la fructification.

Il rehausse même l'éclat des fleurs d'ornement.

Il augmente l'intensité de leur coloration.

Par exemple, il convient parfaitement aux citrouilles et aux pommes de terre, dont il augmente les produits.

L'OXYDE DE FER.

Un excès d'oxyde de fer stérilise la terre.

Bien des argiles qui en sont trop pourvues sont infécondes.

En petite quantité, il est, dans une terre, un important élément de fertilité.

La coloration qu'il donne au sol aide celui-ci à absorber les rayons solaires.

LE MICA.

Le mica est ordinairement constitué par l'alumine, la potasse, un peu de fer oxydé, et même un peu de chaux magnésifère.

Quand il n'est pas dans des roches qu'il faudrait triturer pour en faire un amendement, il existe disséminé dans la couche arable.

Il rend le sol aussi léger, mais moins chaud que le sable.

Il est, avec le feldspath dont nous allons nous occuper, la cause pour laquelle les terres granitiques priment celles qui sont simplement formées de sable siliceux.

LE FELDSPATH.

À cause de sa richesse en carbonate de potasse, le feldspath serait un précieux amendement, s'il n'était trop dispendieux de le triturer avec les roches granitiques où souvent il abonde.

LA HOUILLE.

La houille est une substance bitumineuse inflammable, d'un noir luisant, d'un tissu compacte, et disposée à se diviser en cube.

Elle s'appelle aussi *charbon de terre*.

Elle est un dépôt de végétaux des premiers âges du globe.

Ne va pas croire que, même pulvérisée, elle puisse par elle-même être fertile.

On en obtient du bitume.

Sa cendre, dont, toutefois, l'effet dure peu, convient aux terres froides.

Très-azotée, sa suie est la plus énergique de toutes.

Par son âcreté, elle purge les houblonnières de chenilles.

La cendre de houille est composée de silice, de magnésie, de terre calcaire, d'un peu de fer et, quelquefois de sels vitrioliques.

Décomposés, les schistes et les grès bitumineux qui accompagnent la houille, sont un excellent amendement pour les terres, après une longue exposition à l'air.

5

LES TERRES COLORÉES.

Les terres colorées absorbent les rayons solaires.

Par suite, elles rendent moins froides les terres blanchâtres auxquelles elles sont mêlées.

LA TOURBE.

La tourbe ameublit le sol compacte qui n'est pas trop frais.

Mélangée de chaux vive, elle est d'un excellent effet.

Elle fait grand bien aux sols carbonatés.

Elle convient comme humus aux terres siliceuses.

Pourtant ne l'emploie pas avant une longue exposition à l'air.

Elle entre avantageusement dans les composts et les fumiers.

Mélangée de paille, elle forme une litière qui absorbe beaucoup d'urine et d'ammoniaque.

Elle désinfecte latrines et purins.

En cendre, elle est favorable aux sols humides qu'elle débarrasse de leurs plantes marécageuses.

Elle est aimée du blé d'hiver et de toute prairie.

Desséchée et en poudre, elle peut-être semée, au printemps, sur les plantes en végétation.

LE LIGNITE.

Les lignites sont de grands végétaux fossiles qu'une accumulation de siècles a fait passer à l'état de substance plus ou moins charbonneuse, et ayant l'aspect soit du bois, soit de la houille avec laquelle il ne faut pas la confondre.

Ils produisent deux fois moins de chaleur que celle-ci.

Souvent pyriteux, ils contiennent du sulfate de fer.

Distillés, ils donnent du gaz, de l'eau acide et des huiles.

Il y en a d'assez bitumineux.

Ils abondent dans plusieurs parties de la France.

Pulvérisés, après une longue exposition à l'air, ou réduits en cendre, ils constituent à peu près le même amendement que la houille.

LES PLATRAS.

Les plâtras contiennent, avec des nitrates de potasse, de soude et de chaux, des muriates ou sels d'acides de même nature.

Par conséquent , ils peuvent servir , comme le plâtre , à la fertilisation des terres.

Trop abondamment employés , ils rendent la terre trop meuble , et livrent un trop prompt passage aux pluies.

Ils doivent être pulvérisés et répandus dès la démolition des bâtiments.

Mêlés en poudre fine aux fumiers, ils en augmentent l'énergie.

LES BOUES DES ROUTES.

Produit de la pulvérisation de roches souvent calcaires ou feldspathiques , et mélangées de matières animales et végétales , les boues des routes sont à la fois un engrais et un amendement à ne pas dédaigner.

Elles sont , en petit, le compost dont il sera ailleurs question.

LES VASES DES RIVIÈRES.

Les vases des rivières sont de composition très-variable.

Il y en a de si maigres ou de si chargées de substances nuisibles , qu'elles ne peuvent servir d'amendement.

Celles qui contiennent du carbonate de chaux et des matières organiques sont les plus fécondantes.

Une vase desséchée à l'air, contient, si elle est excellente, presque autant d'azote que le fumier frais.

Ne l'emploie pas avant une longue exposition à l'air.

PLUSIEURS TERRES SUSCEPTIBLES D'EN AMENDER D'AUTRES.

TERRES A AMENDER.	TERRES QUI AMENDENT.
Argileuses.	Calcaires , siliceuses ou humifères.
Schisteuses.	Calcaires , siliceuses ou humifères.
Siliceuses.	Argileuses , schisteuses, calcaires ou humifères.
Ferrugineuses.	Non ferrugineuses.
Magnésifères.	Non magnésifères.
Tourbeuses.	Argileuses, schisteuses ou calcaires.
Salifères.	Non salifères.
Superficielles.	Terres rapportées.
Compactes ou lourdes.	Légères.
Légères.	Compactes ou lourdes.
Chaudes ou brûlantes.	Froides , humides ou peu colorées.
Froides ou humides.	Chaudes ou brûlantes ou colorées.
Douces.	Rudes.
Rudes.	Douces.

L'HUMUS.

L'humus animal ou terreau des jardiniers, sur 100 parties, en contient 56 de phosphate de chaux, — 3 de phosphate de magnésie, — 3 de soude et de sel marin, — 4 de carbonate de chaux, — 1 de fluor de calcium, et 33 de gélatine.

L'humus végétal ou terre de bruyère, sur 100 parties, en contient 61 de sable siliceux, — 21 de gros débris organiques, — 8 d'humus, — 2 de sulfates et phosphates alcalins, — 3 d'argile, — 4 de calcaire, — et beaucoup moins d'une de carbonate de magnésie, de phosphate de chaux et d'oxyde de fer.

Il va sans dire que tout humus animal ou végétal ne contient pas les mêmes proportions élémentaires que ceux dont nous venons de voir la composition.

L'humus a la précieuse propriété non-seulement de pourvoir le sol de beaucoup de principes fertilisants, mais encore de mieux attirer et de mieux conserver l'humidité qu'aucune autre espèce de terre.

Il doit à sa couleur noire la faculté de rendre la terre facile à échauffer par le soleil.

En un mot, il est l'allumette dont la nature se sert pour animer et féconder les germes confiés à la terre.

Pourquoi donc est-il si rare sur le domaine agricole ?

C'est parce qu'il est entraîné par la pluie dans les rivières, et porté par celles-ci dans la mer.

C'est parce que, après avoir été dissous par la potasse et la chaux, il est réabsorbé par les racines des plantes.

Les feuilles vivant principalement des principes de l'air, et les fruits de ceux de la terre, le froment, par exemple, quand il forme sa graine, enlève au sol une assez grande partie de son humus.

De là, nécessité de ne pas demander du froment, deux fois de suite, à une terre où l'humus n'abonde pas.

Trop de terreau surrexcite fâcheusement la végétation.

C'est un fait qui rappelle que trop user des meilleures choses est les rendre nuisibles.

LES TERRES CUITES.

Pulvérisées, les terres cuites sont une addition fertilisante à faire au sol ne renfermant pas en assez grande quantité les matières qu'elles contiennent.

LES SCORIES DES HAUTS-FOURNEAUX.

Il en est des scories triturées des hauts-fourneaux comme des terres cuites pulvérisées.

Avant de t'en servir, expose-les longtemps à l'air.

LA SOUDE.

La soude est un alcali minéral qu'on retire de l'incinération d'environ 40 espèces de plantes marines.

Elle est la potasse des plantes marines dont, par suite, la cendre est, sur les terres, d'un excellent effet.

C'est dire qu'elle est une substance fertilisante.

LE SEL MARIN.

Comme toute substance d'un énergique effet, le sel marin ou chlorydrate de soude, employé à haute dose, stérilise le sol.

LE SEL ORDINAIRE.

Le sel est au moins un amendement ou un condiment pour le sol où il est judicieusement répandu.

Il fait grand bien, par exemple, aux asperges et aux choux, sur le sol peu pourvu de sels à base de potasse et de soude.

Il rend la paille de blé plus lourde et plus forte.

Joint à de la craie, il passe pour avoir une vertu particulière sur les terres maigres des hauteurs.

Mêlé aux composts, il aide puissamment à la végétation, et améliore fourrages, grains et légumes.

Il rend fertilisante l'argile qui touche aux bancs de sel gemme.

Enfouis-le, au lieu de le laisser sur le sol dont il cristallise la superficie.

LE SALPÊTRE.

Le salpêtre est le nitre à l'état impur.

Il contient des nitrates et de l'azote.

L'eau employée à la fabrication de cette substance, est, comme l'eau de lessive, des plus fertilisantes.

C'est dans les terrains calcaires que le salpêtre se forme le plus abondamment, sans doute à cause de la gélatine qui constituait les animaux auxquels le calcaire doit son azote..

LA POTASSE.

La potasse est l'alcali qu'on tire, par une combustion lente, des végétaux non marins.

Elle abonde dans les plantes âcres et amères, surtout quand elles sont jeunes.

Elle est en grande quantité dans la fougère qui, pour ce motif, forme une excellente litière, et dans les sarments de vigne.

Elle est une puissante matière fertilisante.

En effet, elle agit sur l'humus, à la manière et avec plus d'efficacité encore que la chaux.

L'employant pure, malgré sa cherté, répands-en peu à la fois.

LE SAVON.

Le savon est fait d'huile et de soude.

Tenant en dissolution un corps gras et un alcali, les eaux de savon ne peuvent qu'être fertilisantes.

LES CENDRES DE BOIS.

Les cendres de bois renferment des sels de potasse et de soude.

Elles renferment aussi des phosphates de chaux, de la silice et de l'oxyde de fer.

Elles sont, comme la potasse, l'engrais le plus favorable aux végétaux à racines profondes.

C'est sur les sols non calcaires que leur efficacité se manifeste le plus.

Elles ont, dans leur action, beaucoup d'analogie avec la chaux.

Employées en fortes quantités, par un temps annonçant la pluie, elles font ce que fait le plâtre.

Lessivées, elles continuent d'être excellentes, mais conviennent moins aux végétaux à racines profondes.

En cet état, elles n'ont plus l'inconvénient de brûler les plantes.

En outre, elles sont très-favorables aux sols non calcaires abondamment pourvus d'humus.

Comme celles qui sont vives, elles détruisent un grand nombre de larves et de plantes nuisibles.

Elles conviennent au sol humide préalablement assaini.

Elles ameublissent les terres compactes.

Enterrées par un labour de semailles donné par un beau temps, elles produisent un effet plus grand que répandues au printemps sur des plantes en végétation.

Laissées en tas sur le sol, elles brûlent, en y laissant leurs principes les plus actifs, la place qu'elles occupent.

Sagement employées, elles attirent puissamment l'humidité fécondante de l'air.

Elles en attirent avec non moins de force l'acide carbonique qu'elles conservent.

Leur effet dure cinq ans.

Elles ont toutefois l'inconvénient de hâter l'épuisement du sol où une fumure ne leur serait pas adjointe.

En effet, elles forcent les plantes à prendre non-seulement dans la terre, mais encore dans l'atmosphère, beaucoup de nourriture.

LES CENDRES PYRITEUSES.

La cendre pyriteuse est de bon effet sur les prairies et les légumineuses.

LA SUIE PRODUITE PAR LA COMBUSTION DU BOIS.

La suie produite par la combustion du bois est très-azotée.

Elle stimule la végétation, et, répandue sur le trèfle, donne de très-beaux résultats.

Elle détruit mousse et insectes.

LE CHARBON.

Le charbon de bois communique à la terre la couleur noire qui la rend facile à échauffer par les rayons du soleil.

Ensuite, il la divise et y ralentit utilement la décomposition des engrais animaux trop altérables.

Il absorbe beaucoup d'eau qu'il retient avec force.

Il fournit du carbone pendant longtemps.

Il fait merveille dans les terres légères ou brûlées par le soleil.

Les places où on l'a fait sont d'abord stériles, en ce que seul il est impropre à la végétation, et peut-être aussi en ce qu'il y a eu calcination du sol.

Mais deux ans après, dans les terres sablonneuses, et plus

tard, dans les autres terrains, ces places sont d'une grande fécondité.

Le charbon a aussi l'importante propriété d'absorder toutes les matières organiques en décomposition, et tenues en suspension dans l'eau.

De là l'emploi qu'on en fait pour purifier l'eau, et pour lui conserver sa salubrité.

LA POUSSIÈRE D'OS OU PHOSPHATE DE CHAUX.

Les os contiennent abondamment trois substances hautement fertilisantes qui sont la chaux, la graisse et la gélatine qui est la base de la colle.

En conséquence, réduis en poudre les os dont tu pourras disposer, en les plaçant sous la meule d'un moulin à huile.

Cela fait, répands cette poussière avant que la végétation commence à se développer.

Les terres fortes surtout s'en trouvent très-bien.

Son effet peut durer bien des années.

Les Anglais la convertissent en engrais liquide, en mêlant à 20 kilogrammes 10 kilogrammes d'acide sulfurique et 30 litres d'eau, et en étendant, au bout de 24 heures, le mélange de dix hectolitres d'eau.

Un mélange de poussière d'os avec le fumier te donnera les résultats les plus efficaces.

Cependant, dans un été humide, la récolte de blé traitée avec une large dose de phosphate de chaux sera toute couchée.

LE NOIR ANIMAL.

Le bon noir animal contient de 70 à 75 pour cent de son poids en phosphate de chaux.

A l'état sec, il pèse environ 90 kilogrammes l'hectolitre.

L'adultération la plus usuelle de cette matière s'effectue par un mélange de tourbe tamisée qui lui enlève beaucoup de son poids normal.

Le noir animal renferme aussi de 2 à 3 pour 0/0 d'azote fourni par les matières animales auxquelles il est associé dans la clarification des sirops.

Les autres substances qui entrent dans sa composition ont une très-faible importance.

Toute sa valeur agricole est, par suite, dans la quantité de phosphate de chaux qu'il contient.

Ce fait t'indique que tu feras une dépense inutile en l'appliquant à la terre, qui a surtout besoin d'azote.

N'ayant ni noir animal, ni poussière d'os également riche en phosphate, veux-tu rendre à la terre ce qu'elle a perdu de cette dernière substance, par la vente des produits ?

La belle farine de froment contenant un pour cent de cendre, le son brûlé en donne de 7 à 8 pour cent dont les trois quarts sont des phosphates terreux.

En conséquence, tu pourras te passer de noir animal et de poussière d'os, en achetant pour chaque hectare de blé vendu, environ 380 kilogrammes de son que tu consommeras sagement sur ta ferme.

Le meilleur moyen d'employer le son est d'en nourrir des cochons qui ont atteint à peu près toute leur croissance.

Leur fiente, mise à l'abri, rend tous les phosphates de leur nourriture.

Elle forme, en outre, un excellent engrais pour les navets.

Défie-toi du son étranger, trop souvent séché au four.

LE MARC DE COLLE.

Le marc de colle est un excellent engrais qui ne brûle pas.

L'AMMONIAQUE LIQUIDE.

Les usines à gaz produisent une eau ammoniacale, c'est-à-dire, une dissolution de carbonate d'ammoniaque.

Cette eau ammoniacale est hautement fertilisante.

Pour l'employer à l'arrosage, ajoutes-y de 5 à 7 fois son volume d'eau.

Sans cette précaution, les plantes se dessécheraient, comme si un incendie les avait atteintes.

Les blés qui en ont été arrosés ont une paille plus forte, un épi plus long, et des grains plus nombreux et plus pesants.

Le sol qui la reçoit se trouve bientôt débarrassé d'insectes.

LE SULFATE D'AMMONIAQUE.

Le sulfate d'ammoniaque rendra magnifique ta récolte de blé.

Donnes-en 100 kilogrammes à chaque hectare.

LES EAUX OU ONT ROUI LE CHANVRE ET LE LIN.

Le chanvre et le lin contiennent un gluten résino-gom-

meux qui , avec plusieurs des principes qui les composent ,
rend très-fertilisantes les eaux où ils ont roui.

L'URÉE.

L'urée est un principe dont l'altération cause la putréfaction
de l'urine.

Elle est riche en azote.

Les Matières fertilisantes, à leur état naturel ou à peu près naturel.

LES ENGRAIS EN GÉNÉRAL.

Les *engrais inorganiques*, c'est-à-dire constitués par des
substances non organiques, sont des matières minérales
telles que la chaux, que certains considèrent comme un simple amendement, ou minéralisées telles que les cendres.

Les *engrais organiques*, c'est-à-dire constitués par des
substances organiques, sont composés de substances végétales ou animales plus ou moins décomposées, comme les végétaux enfouis, la chair, le guano, les fumiers, etc.

L'*engrais végétal* est composé de plantes vertes ou sèches
enfouies.

L'*engrais végétal vert* est composé de plantes vertes
enfouies.

L'*engrais végétal sec* est composé de plantes sèches enfouies.

L'*engrais animal* est représenté par la chair, les plumes, etc.

L'*engrais animal simple* est le sang desséché, la corne, etc.

L'*engrais animal mixte* est constitué, par exemple, par
les déjections de l'homme et des animaux.

Les *engrais mixtes* sont les fumiers et les mélanges de
matières animales, végétales, minérales ou minéralisées
appelées *composts*.

L'*engrais en général* est la matière simple ou composée
qui, n'étant ni un amendement, ni un tonique proprement
dit, féconde la terre.

L'*engrais liquide* est un engrais quelconque, soit liquide,
étendu d'eau, soit solide, étendu d'un liquide.

LES ENGRAIS INORGANIQUES ET LES ENGRAIS ORGANIQUES.

Moins actifs que les engrais organiques, les engrais inorganiques durent plus longtemps.

Tu peux souvent te les procurer à peu de frais.

Tu n'es excusable de n'y pas songer que quand ils coûtent trop cher.

En effet, visant à la fois, pour la récolte, à la quantité et à la qualité, tu ne peux te dispenser d'adjoindre à l'engrais organique, l'engrais inorganique qui le complète.

LES ENGRAIS VÉGÉTAUX.

Les engrais végétaux sont pourvus de sels fertilisants qui manquent ou n'abondent pas dans les autres engrais.

Composés de plantes non marines, ils contiennent beaucoup de potasse.

Composés de plantes marines, ils contiennent beaucoup de soude.

Ils sont plus frais et moins actifs que les autres engrais organiques, mais durent plus longtemps.

Ils conviennent mieux aux sols chauds qu'aux sols froids.

Ils soulèvent trop la terre inconsistante.

Ils exposent ainsi cette terre à se dessécher trop vite, et les plantes à s'y déchausser.

LES ENGRAIS VÉGÉTAUX VERTS.

Les plantes sont composées de vols de substances fertilisantes faits à la terre.

Elles ne prennent jamais plus d'azote à celle-ci que quand elles forment leurs graines.

En conséquence, coupe-les pour engrais vert dès le moment de la floraison.

Les plantes vertes renferment beaucoup moins d'azote que le fumier d'étable.

Elles rendent trop aigres les terres froides.

Elles soulèvent beaucoup plus que les plantes sèches la terre inconsistante.

Par suite, elles ne conviennent ni au blé, ni au chanvre, ni aux pommes de terre.

En certains pays, la betterave ne s'en arrange pas.

Préfère, pour engrais vert, les plantes qui, ayant peu de racines, sont riches en feuilles.

Les meilleures plantes à enfouir vertes ou sèches sont le lupin blanc, la vesce, le sarrasin, la navette, la spergule, la moutarde, l'ortie, et, en un mot, les plantes qui produisent le plus d'humus.

En effet, c'est la fumure qui est chargée de rendre à la terre l'humus dont la récolte et la pluie l'ont privée en partie.

LES ENGRAIS VÉGÉTAUX SECS.

Les engrais végétaux secs rafraîchissent moins le sol chaud que les engrais végétaux verts.

Ils soulèvent moins la terre inconsistante.

Ils rendent moins acide la terre froide.

Ils sont moins actifs.

L'ENGRAIS ANIMAL SIMPLE.

L'engrais animal simple est le plus puissant des engrais organiques.

A cause de sa richesse en ammoniaque, il est l'engrais par excellence des plantes crucifères.

Aussi perds-tu un grand trésor quand tu ne fais pas terreau de toute bête morte de maladie, ou de toute matière entièrement animale qui n'est pas bonne à autre chose.

L'ENGRAIS ANIMAL MIXTE.

Solide ou liquide, l'engrais animal mixte contient moins d'azote, mais plus de phosphates et de sulfates de potasse et de soude que l'engrais animal simple.

Plus il est riche en ammoniaque, substance éminemment azotée, plus puissant il est.

Aussi, l'ammoniaque, à cause de sa volatilité, a-t-elle besoin d'y être fixée.

Plus richement un animal est nourri, plus il est gras, ou plus il travaille, plus chaude et plus active est sa fiente.

Les aliments qui procurent le plus de chaleur à la fiente ou à l'urine sont la chair, le grain, les fourrages secs et les plantes cuites.

Une alimentation aqueuse rend un engrais mouillé, c'est-à-dire frais.

Les déjections les plus chaudes sont celles du pigeon, de l'oie, des autres volailles, de l'homme, du mouton, de la chèvre, du lapin, du cheval, du.mulet, du bardeau et de l'âne.

Les ruminants et les cochons fournissent la fiente la moins azotée, et, par suite, la moins chaude, mais la plus alcaline, c'est-à-dire, la plus riche en sels de potasse et de soude.

L'engrais animal mixte qui est chaud dure moins, dans le sol, que celui qui est frais.

En conséquence à l'occasion, mêle l'un à l'autre.

Telle fiente, telle urine.

Tiens pourtant toujours compte de ce fait que, même étendue d'eau, l'urine n'est fertilisante que quand, sous la fermentation, elle a cessé d'être corrosive.

Le laboureur qui n'a pas un récipient pour recueillir ce précieux liquide, ne connaît pas son art, ou bien fait acte d'incurie impardonnable.

LES ENGRAIS MIXTES.

Les engrais mixtes proprement dits, c'est-à-dire, les engrais que j'ai appelés, les uns *fumiers*, et les autres *composts*, sont des masses de matières où, sous de judicieux mélanges, se complètent et se modifient de la manière la plus heureuse, les principes fertilisants les plus divers.

LES ENGRAIS PEU VOLUMINEUX.

Les engrais peu volumineux sont composés de peu de principes élémentaires.

Toujours appliqués en partie principale à la même plante, ils finissent par la faire dégénérer ; exemple : la cendre.

L'ENGRAIS LIQUIDE.

L'engrais liquide se compose d'ordinaire d'urine ou de purin, de déjections animales solides et d'eau.

Il convient aux sols légers.

Il affermit le terrain qu'il mouille.

Il fait merveille sur certaines prairies.

Pour y prévenir toute perte ammoniacale, ajoute à chaque hectolitre 30 grammes de sulfate de fer, ou 40 grammes de plâtre en poudre.

Emploie-le, en moment opportun.

Répands-le par arrosement sur des terrains déjà couverts de plantes.

Répands-le aussi sur des terrains pour le moment vacants.

L'arrosage des premiers terrains ne doit être ni trop âcre, ni trop faible.

Pour l'arrosage des seconds terrains, ne redoute pas la richesse de l'engrais.

Compose ton engrais liquide en vue de la nature et des besoins du sol et de la plante.

LES ENGRAIS EN GÉNÉRAL.

Le carbone, l'hydrogène, l'oxygène, le phosphore et le soufre produisent, suivant leur groupement et leurs proportions, tous les principes organiques à développer dans les plantes.

De là ce principe important que, pour une plante, le meilleur amendement et le meilleur engrais sont ceux dont, sous le double rapport de la quantité et de la qualité, la composition répond le mieux à ses parties élémentaires.

Ainsi, par exemple, il faut à la vigne beaucoup de potasse, et au froment beaucoup de phosphate de chaux.

Aussi peut-on dire que fertiliser une terre est ne négliger aucun moyen de faciliter l'échange de services de toute nature que le sol et l'atmosphère ont à se rendre dans l'intérêt de la vie végétale et animale.

Le principe actif par excellence des engrais, et surtout des engrais composés est l'azote.

Les plantes ne pouvant en soutirer directement assez de l'air, procure-leur en par tout ce qui amende et engraisse le sol.

En trop grande abondance, l'azote, comme bien d'autres substances fertilisantes, leur donne une végétation luxuriante qui nuit à la graine et à la vigueur de la tige.

En trop faible abondance, il ne développe assez ni la graine, ni la tige.

De là cette vérité qu'en agriculture ce n'est qu'un juste milieu qui sauve.

Amende et fume souvent et peu à la fois, plutôt qu'abondamment et à de longs intervalles.

Voulant beaucoup pour le moment, fume énergiquement.

Répartis bien l'amendement ou l'engrais.

En conséquence, ne le laisse pas trop longtemps en tas sur le sol où il susciterait, par places, une végétation trop vigoureuse, ou qu'il brûlerait.

Au reste, c'est presque toujours dans la terre que doit avoir lieu le développement de l'acide carbonique.

L'ammoniaque, je ne puis trop le dire, s'évapore facilement dans l'air, et un alcali en chasse rapidement un autre.

N'ajoute donc pas des engrais ammoniacaux, comme la suie et le guano, à d'autres alcalis tels que la cendre de bois récemment brûlé, qui contient de la chaux.

Par suite, empêche, en la fixant, l'ammoniaque de se décomposer rapidement.

A cet effet, emploie le sulfate de fer ou le plâtre, à raison, pour chaque mètre cube, de 4 kilogrammes de sulfate de fer, ou de 7 à 8 kilogrammes de plâtre.

Ne voulant employer ni l'un, ni l'autre, mélange l'engrais d'acide sulfurique étendu de 4 litres 1/2 d'eau pour un poids de 450 grammes.

Ce sera y former un sel neutre, c'est-à-dire un sel qui, sous le nom de *sulfate d'ammoniaque*, ne sera ni un acide, ni un alcali, et qui ne s'évaporera pas à l'air, comme le carbonate d'ammoniaque.

Les engrais à base de potasse sont ceux des végétaux à racines profondes.

QUELQUES DÉTAILS SUR CERTAINS ENGRAIS VÉGÉTAUX.

Les *feuilles des végétaux ligneux* peuvent être employées comme engrais.

En effet, ce sont elles qui, avec l'herbe, les genêts, les fougères, la bruyère et surtout la mousse, forment l'humus des forêts.

Le *buis vert* contient 2 pour cent d'azote.

Le *buis sec* contient 1 pour cent d'azote.

La *tannée* est un engrais à ne pas dédaigner, comme tu le fais presque toujours.

Avant de l'employer, fais-lui subir une fermentation active, à cause de l'acidité qui lui est naturelle.

Elle convient aux vignes dont les produits n'ont pas de durée.

A cause de l'odeur qu'il communiquerait à la plante, le

varech vaut mieux, comme engrais, en terreau qu'autrement.

Les *champignons* sont un engrais très-riche en azote.

Le *marc de raisin* et *les lies de vin*, sont, pour la vigne,
d'excellents engrais.

Débarrassés de leur acidité, les *marcs de fruits* sont une
substance végétale fertilisante.

L'horticulture utilise le *marc de café*.

Les *marcs de pommes de terre des féculeries* que, d'ailleurs, on a trouvé le moyen de convertir en son, peuvent,
débarrassés de leur acidité et étendus de beaucoup d'eau,
être fertilisants sur les terrains non glaiseux.

Les *résidus de distillation des betteraves* et, surtout, *des
grains* sont un bon engrais.

Les *grains qui ont servi à la fabrication de la bière* sont
très-fertilisants.

Les *touraillons* ou *germes d'orge torréfiée* sont un engrais
précieux.

Rafraîchissants et très-azotés, les *tourteaux oléagineux*
sont l'engrais des sols brûlants.

Les *tourteaux de lin*, *d'œillette*, *de colza* et *de faîne*
peuvent, sur cent parties, en contenir, le premier 6, le
deuxième 7, le troisième 6, et le quatrième 5 d'azote.

QUELQUES DÉTAILS SUR CERTAINS ENGRAIS ANIMAUX SIMPLES.

La *corne*, en ce qu'elle se décompose lentement, est un
des engrais animaux simples les plus durables.

En râpures, elle peut contenir 15 pour cent d'azote.

Les *poils* renferment beaucoup de carbone et d'azote.

Décomposés, les *cuirs* sont, comme les poils soumis à la
même préparation, un très-puissant engrais.

Les *plumes* peuvent contenir 15 pour cent d'azote.

En Alsace, elles sont très-estimées comme engrais.

La *chair desséchée* peut contenir 13 pour cent d'azote.

Le *sang desséché* peut contenir 15 pour cent d'azote, et
50 pour cent de carbone.

Coagulé, desséché ou à l'état liquide, il est accusé par
beaucoup d'horticulteurs d'attirer les vers et les insectes.

Le *poisson desséché* est un très-riche engrais.

Sur 100 parties, les *chiffons de laine* en promettent 12
d'azote, et 50 de carbone.

QUELQUES DÉTAILS SUR CERTAINS ENGRAIS ANIMAUX MIXTES.

Les *eaux de vaisselle* sont une excellente addition à faire aux fumiers.

L'*engrais humain* procure à la terre une étonnante fertilité.

D'abord corrosif, il finit, comme les déjections des oiseaux de basse-cour, par devenir uniquement fécondant.

L'homme peut fumer, avec ses déjections, l'espace nécessaire à son alimentation.

Quant au Chinois qui, ici, a bien raison de nous appeler *barbares*, il ne laisse se perdre ni un atome, ni une goutte des siennes.

Que dis-je? le Belge et le Flamand qui sont mois loin de nous que lui, en ont aussi soin que le vigneron du jus qui sort du pressoir.

Pour t'excuser, tu argueras de son peu de durée et de la mauvaise odeur qu'il communique aux légumes.

Mais s'il est peu durable, il est d'effet très-marqué.

Au reste, ne peux-tu pas l'employer modérément, l'appliquer à des cultures de plantes industrielles, jeter sur chaque couche, dans une citerne éloignée de l'habitation, une couche de terre, ou le convertir en poudrette?

En tout état de cause, sache qu'il convient surtout aux terres froides et humides.

La *poudrette* est l'engrais humain desséché.

Elle dure moins, et, dans la dessication, perd tant de ses principes actifs, qu'elle contient à peine 3 pour cent d'azote.

Elle convient aux sols et aux plantes qui s'arrangent bien des matières fécales.

Elle a, sur celles-ci, le triple avantage de se conserver, de se transporter et de s'employer facilement.

La *colombine* est la réunion des fientes des oiseaux de basse-cour.

Elle est riche en acide urique, en urée et en azote.

Uniquement composée de fiente de pigeon, elle abonde à ce point en ammoniaque, qu'elle vaut vingt fois mieux que le fumier de ferme.

Ce qu'elle contient de plus puissant, après la fiente du pigeon, est la fiente d'oie qui, d'abord corrosive, devient excellente.

Èlle agit, comme fumier, pendant au moins deux ans, surtout quand elle n'a pas été abandonnée à l'air.

Pulvérulente, elle sauve le froment souffreteux sur lequel elle est répandue, à la volée.

Emploie-la sagement.

A cause de son besoin d'être tempérée par l'humidité, Olivier de Serres te conseillait, il y a bien des années, de n'en user qu'en automne ou en hiver.

Pour la semer, tu peux la mélanger de terre à laquelle elle communiquera une partie de son excès d'activité, et dont, par suite, elle fera un engrais.

Comme elle renferme des plumes, passe-la au crible pour la mettre sur les prés.

Le *guano* est extrait d'un amas de fientes déposées, depuis des siècles, par des oiseaux de mer.

Excellent, il vaut trente fois son volume de fumier.

Il force les plantes à végéter, sans leur donner par lui-même une nourriture durable, puisqu'après un an il est de nul effet.

Il les amène ainsi à vieillir prématurément, et à enlever à la terre trop de substances utiles.

Il n'est excellent, pour ces motifs, qu'entre des mains prudentes.

Non employé par un temps pluvieux, il ne se dissout pas.

Semé par un grand vent, il vole au loin.

Le dosage, pour un hectare de la terre à laquelle il convient, est de 250 kilogrammes sur les prairies, et de 300 kilogrammes sur les céréales.

Sa composition varie suivant son lieu d'origine.

Elle varie encore plus souvent suivant son état de pureté ou de falsification.

Le guano du Pérou, celui d'Ischaboë et celui du Chili contiennent, le premier, 14, le deuxième 9, et le troisième, 6 pour cent d'azote.

LES IMMONDICES DES VILLES.

Les immondices des villes sont le compost à l'état de nature.

La raison en est qu'elles sont formées d'une multitude de matières animales, végétales et minérales.

Heureux le labourenr qui se procure à bon marché ce précieux engrais !

LE FUMIER EN GÉNÉRAL.

Les pivots de tout excellent engrais sont l'azote et le phosphate de chaux.

Cependant ces deux substances ne suffisent pas.

En effet, les plantes ont besoin de sels alcalins et d'humus.

Or, le fumier renferme tout cela.

Composé multiple des principes fertilisants destinés à rendre au sol ceux qu'a pris la récolte, le fumier est l'engrais type.

Les engrais simples ou peu composés ont besoin de lui pour exercer une action suffisante dans les terres formées d'un trop petit nombre d'éléments de fécondité.

En général, il est un simple mélange de déjections animales et de litière de paille.

En cet état, il vaut beaucoup.

Mais, plus varié dans sa composition, il vaut mieux encore.

En effet, divers sels s'y trouvent joints aux principes azoté et phosphoré dont ils complètent l'œuvre.

Applique sans crainte le fumier à tout sol, et n'oublie pas qu'il est bien dangereux d'en faire autant de tout amendement et de tout engrais peu varié dans sa composition.

Un amendement trop mal ou trop abondamment appliqué stérilise une terre.

Trop de fumier ne fait qu'y susciter une végétation trop luxuriante.

A sol compact et froid, fumier chaud !

A terre légère et brûlante, fumier froid !

A terre maigre, épuisée ou destinée à produire des récoltes épuisantes, beaucoup de bon fumier !

Aux terrains tenaces, les fumiers longs qui les divisent et les échauffent !

Aux terrains légers et secs, comme aux récoltes d'une végétation rapide et abondante, les fumiers courts, lourds, consistants et d'une décomposition avancée !

Ces fumiers rafraîchissent et raffermissent le sol.

Puisque le fumier est la première des matières fertilisantes, c'est grand dommage que, comme le jardinier, le cultivateur ne puisse fumer sa terre une fois l'an.

LES LITIÈRES.

L'engrais animal simple et les déjections animales durant peu, le rôle de la litière, dans le fumier, est d'en ralentir la décomposition.

Elle joint les sels de potasse de l'engrais végétal à l'azote des fientes et de l'urine.

Elle corrige l'excès d'activité de celles-ci.

Elle se pénètre de leur partie liquide.

Par conséquent, elle n'est jamais meilleure que quand elle est poreuse, c'est-à-dire non brisée par la machine à battre.

Elle repose le bétail d'une matière salubre.

Elle facilite le transport de l'engrais.

Trop abondante, elle lui ôte, il est vrai, une partie de sa valeur.

Cependant, plus tes animaux fientent, et plus le pavé de leur demeure est humide, plus il faut de litière souvent renouvelée.

Voici les litières végétales qu'il est le plus utile de faire entrer dans tes fumiers.

Colza — vesce — sarrazin — fèves — lentilles — millet — pois — orge — froment — seigle — maïs — avoine — feuilles sèches — fourrages altérés — mousses — et roseaux.

Préalablement broyés, les fougères, bruyères, genêts et buis peuvent servir de litière.

Il y en a qui font faire à certaines terres l'office de litières.

Ces litières, appelées *terreuses*, économisent la paille.

Au sortir de l'étable, elles se transportent facilement dans le champ à fumer.

Mais on perd du temps à transporter du champ à l'étable la terre destinée à les former.

Le besoin de sécher et de calciner rend la main-d'œuvre coûteuse.

En outre, non couvertes de paille, les litières de l'espèce peuvent causer des maladies aux animaux.

Les terres qui les constituent le plus utilement sont celles qui fixent le mieux les matières liquides et gazeuses.

En conséquence, fais tomber ton choix sur la terre dont la base est l'argile, si le sol à fumer est léger ou chaud.

Fais-le tomber sur la marne calcaire ou crayeuse, si le sol à fumer est argileux.

Il faut de 30 à 35 centimètres cubes de terre sèche pour absorber les excréments journellement rendus par une vache.

LE PURIN.

Le purin est une urine affaiblie tenant en dissolution de l'humus végétal.

Il constitue le jus de fumier.

Le premier devoir et le premier soin du laboureur intelligent sont de le recueillir dans des citernes, ou au moins dans des tonneaux.

Mais combien laissent cette riche essence aller du fumier dans le chemin, du chemin dans la rivière, et de celle-ci dans la mer !

LE FUMIER DE BASSE-COUR.

Le fumier de basse-cour est constitué par les fientes, les plumes et les ordures retirées du colombier et du poulailler.

En t'entretenant de la colombine, je t'ai dit qu'il est le plus chaud des engrais que tu puisses former.

LE FUMIER DE MOUTON.

Le fumier de mouton est beaucoup plus puissant que celui de l'espèce chevaline, auquel il est comme 3 à 1.

Contenant peu de graines, il peut être immédiatement conduit sur le champ.

Il dure peu, surtout quand il est mélangé de beaucoup de litière.

Il convient aux plantes annuelles, et particulièrement aux plantes ombellifères telles que le chou, le colza, la navette, le pastel, les radis, etc.

Il communique, par malheur, une odeur désagréable aux plantes destinées à l'alimentation de l'homme.

Il rend défectueuse la panification de la farine.

LE FUMIER DE CHÈVRE.

Le fumier de chèvre se rapproche beaucoup de celui de mouton.

LE FUMIER DE LAPIN.

A côté du fumier de mouton ou de chèvre, celui de lapin.

LE FUMIER DE CHEVAL, DE MULET, DE BARDEAU OU D'ANE.

Le fumier de cheval, de mulet, de bardeau ou d'âne est très-chaud.

L'avoine et le fourrage sec le rendent de première qualité.

Beaucoup de travail de la part de la bête en fait autant.

Il convient au sol argileux plus qu'à tout autre.

Très-actif, il fermente facilement.

Employé frais, il salit le champ par les graines non digérées qu'il contient.

Un cheval peut fournir, en un an, 8,000 kilogrammes de fumier, sans compter l'urine.

LE FUMIER DE L'ESPÈCE BOVINE.

Le fumier de l'espèce bovine est, avec celui du cochon, le plus frais, c'est-à-dire le moins actif de tous.

Par contre, il est riche en sels de potasse, et, par suite, convient aux sols chauds et aux plantes à racines profondes, comme aux plantes délicates.

Par contre aussi, sa fraîcheur prolonge sa durée.

Une nourriture riche, c'est-à-dire, non aqueuse, l'améliore beaucoup.

Il renferme moins de graines nuisibles que le fumier de cheval.

En un an, le bœuf fait 15,000 kilogrammes de fumier.

S'il est à l'engrais, il en fait 25,000.

Le fait te prouve que s'il fournit un engrais inférieur à celui du cheval, il te procure une fumure plus abondante.

LE FUMIER DE PORC.

Très-aqueux, le fumier de porc est très-long à faire entrer en fermentation.

En cet état, il est primé par celui de l'espèce bovine, qu'il prime, à son tour, quand il provient d'une alimentation dont la base est la chair, le grain, le son et le gland.

Le trouvant par trop mauvais, corrige-le, en le faisant entrer dans un autre fumier.

Je te préviens que, comme celui des espèces chevaline et bovine, il peut contenir, à l'état frais, beaucoup de graines qui saliront tes champs.

LES SOINS A DONNER AU FUMIER.

La vie à bon marché, si en bonne économie générale, elle est à désirer, sera dans le fumier à bon marché.

Hâte-toi donc de faire engrais des nombreuses substances que t'offrent le sol, les végétaux, les animaux, l'industrie et l'économie domestique.

N'ayant jamais assez ou trop d'amendements et d'engrais, soigne bien ton fumier.

Place-le sous un de tes hangars.

Ne pouvant l'y placer, couvres-en les tas achevés d'une terre favorable à la conservation de ses sucs.

Pour ne pas en perdre le purin qui est son âme, ne le mets pas en fosse.

Glaise l'emplacement sablonneux que tu lui destines.

Ne le fais pas reposer sur un plan trop incliné.

Garantis-en la base contre l'invasion de l'eau.

Empêche-le de baigner dans son jus.

Veille à ce que sa partie liquide n'aille infecter ni ton puits, ni ta mare.

Ne laisse pas les égoûts des toits en dissoudre les sels.

Ne l'expose ni à un soleil ardent, ni à des vents desséchants.

S'il se dessèche ou se moisit, recherche la cause du mal, et, cette cause trouvée, agis en conséquence.

En attendant, mouille-le de purin ou d'eaux grasses.

Tasse-le, presse-le et foule-le, pour l'empêcher de prendre le blanc.

S'il est vieux, ne le mets pas sur un fumier nouveau.

Dispose-le de manière à lui faire imiter le mur en torchis.

Ajoute énormément à ses vertus fertilisantes, en y mêlant la saumure de harengs rendue d'un merveilleux effet sur le froment, le seigle, l'avoine, le colza, la pomme de terre et la betterave alimentaire, par la combinaison du sel avec l'azote et le phosphate de chaux, surtout quand elle est chargée d'écailles de poisson.

400 litres de cette saumure équivalent à un mètre cube de fumier.

Ne répands sur ton fumier ni la chaux, ni la marne calcaire qui en dégage l'ammoniaque.

Voulant fixer cette ammoniaque à l'aide de plâtre ou de sulfate de chaux, écoute-moi.

Des fumiers plâtrés ont donné, sur des terres argilo-calcaires, une récolte supérieure d'un tiers à celle qui résultait de leur emploi dans l'état naturel.

Par contre, sur des terres où l'élément calcaire manquait

entièrement, elles ont offert une végétation relativement faible.

Les sels ammoniacaux, au contact d'un sol calcaire convenablement humecté, se transforment nécessairement en carbonate d'ammoniaque.

Il en résulte que, partout où réside l'élément calcaire, il est avantageux de sulfater les engrais, c'est-à-dire d'en convertir le carbonate d'ammoniaque qui s'évapore en sulfate d'ammoniaque qui ne s'évapore pas, et qui constitue un sel assimilable à la végétation.

Par conséquent, partout où l'élément calcaire fait défaut, tu peux te contenter de t'opposer à l'évaporation du carbonate d'ammoniaque, en répandant sur chaque lit de fumier, une certaine épaisseur de terre compacte.

Si tu as des terres, les unes froides et les autres chaudes, dispense-toi, si tu le veux, d'adjoindre les fumiers froids aux fumiers chauds.

Par suite, applique les premiers aux terrains chauds, et les seconds aux terrains froids.

Enlève souvent le fumier de l'écurie où tu n'engraisses pas de bétail.

Si tu t'en sers dès sa sortie de l'étable, les graines qu'il contient saliront la récolte.

Au reste, le fumier chaud qui n'a pas jeté son feu peut nuire à tes cultures.

Garde-toi, je le répète, de laisser ton fumier trop longtemps en tas sur le sol.

LE MOMENT ET LA MANIÈRE D'EMPLOYER LE FUMIER.

Il faut, à chaque hectare de terre, de 10 à 50 mille kilogrammes de fumier.

Au reste, le dosage dépend principalement de la nature du sol et des besoins des récoltes.

Le moment d'employer le fumier est celui où il n'est ni trop nouveau, ni trop consommé.

Emploie, pour la récolte prochaine, un fumier consommé.

Sers-toi, pour une série de récoltes, des fumiers frais et longs.

En général, applique le fumier, en automne, aux plantes à racines profondes, pour laisser à ses sucs le temps de pénétrer le sol.

Applique-le, un peu avant la germination, aux plantes à racines traçantes.

Répands-le sur le sol, avant la semaille, et enterre-le par un labour.

Répands-le à l'automne, ou pendant l'hiver, sur les récoltes qui viennent d'être semées, ou qui sont ensemencées.

Répands-le aussi sur les prairies.

En d'autres termes, fume les prairies en couverture.

Enterre les engrais plus ou moins profondément, suivant la nature de la plante dont ils sont destinés à favoriser la végétation.

Les agronomes ne sont pas tous d'accord sur la manière et le moment d'employer le fumier.

Mais ils s'accordent à reconnaître que les fumiers très-réduits et très-décomposés doivent être enterrés très-peu de temps avant l'ensemencement.

LES COMPOSTS.

Le compost est un mélange de matières minérales, végétales et animales solides et liquides de toute espèce.

Avec lui, nulle ordure susceptible de se décomposer n'est perdue.

Partout utile, il est indispensable là où l'on ne peut se procurer qu'à très-grands frais la marne calcaire, la chaux, le plâtre et les engrais du commerce, d'ailleurs trop souvent falsifiés.

Aussi, tout agriculteur avancé a-t-il un compostoir chargé de compléter la masse d'engrais dont il a besoin pour la fertilisation de toutes ses terres.

Le laboureur désireux de former un compost doit savoir que, mêlées à la terre qui sera la base de celui-ci, les déjections de l'homme ne communiquent pas aux végétaux une saveur désagréable.

Il doit aussi savoir que la saumure de harengs est, dans un compost, d'un merveilleux effet, sans compter que 1,000 litres de cette saumure étendue d'eau peuvent être très-avantageusement répandus sur chaque hectare de la terre ou de la culture qui s'en arrange.

COMPOST.

Ajoute une partie de chaux à quatre parties de tourbe,

de lignite fusé, de tannée, de litière quelconque, de terrées, de curures, de feuilles sèches, de plantes vertes et de gazon.

AUTRE COMPOST.

Sur du fumier ordinaire, répands une partie pour cent de plâtre cuit et pulvérisé.

Continue de même jusqu'à ce que le tas soit assez élevé.

Après moins de deux mois, la décomposition qui s'est opérée dans la masse aura donné naissance à du sulfate d'ammoniaque.

AUTRE COMPOST.

Les matières à employer sont simplement du plâtre ordinaire mélangé avec du goudron de houille qu'on trouve à bas prix dans les fabriques de gaz.

Cent parties de plâtre pour cent de goudron semblent être la proportion la plus convenable.

Tu étends le plâtre sur une surface plane.

Tu verses le goudron sur le plâtre.

Tu remues le tout à la pelle, jusqu'à ce qu'il constitue une poudre grumeuse plus ou moins grisâtre.

Cette poudre revient à peine à trois francs les cent kilogrammes.

Elle désinfecte instantanément et entièrement les latrines, les vidanges, les égoûts, les étables, les purins, les plaies et les matières animales en putréfaction.

En deux ou trois jours, selon la température, elle solidifie les liquides et en opère la dessication complète.

Par conséquent, elle transforme en guano artificiel inodore toute matière animale.

AUTRE COMPOST.

Matières fécales — chairs — cuirs — poils — os et cornes pulvérisés — chiffons de laine, etc.

AUTRE COMPOST.

Je te recommande ici l'engrais Jauffret qui, à cause des plantes entrant dans sa composition, convient surtout aux terres du sud de la France, et que décrivent un grand nombre de traités élémentaires d'agriculture.

AUTRE COMPOST.

L'emplacement est une surface sèche.

Sur une des faces du compostoir, tu creuses une fosse à purin.

A l'aide de la chaux hydraulique ou de l'argile plastique, tu la rends imperméable.

Elle a une capacité de 400 litres par tête de gros bétail.

Elle se trouve reliée à l'étable par un canal également imperméable de conduite du purin.

Les éléments de formation du compost sont :

1º Pour base, une litière végétale.

Tu places sur cette litière, en pente, et du côté de la fosse, quelques tuyaux de drainage.

Ces tuyaux sont destinés à faciliter la fermentation dans la masse, et l'écoulement du purin qui, puisé dans la fosse, sera répandu sur la couche supérieure.

2º Couche de marne ou d'argile séchée, de moins de trois centimètres d'épaisseur.

3º Lit de chaux grasse réduite en épaisse bouillie, et formant un volume de 20 litres par mètre cube de marne ou d'argile.

4º Saupoudrage de la chaux avec 10 kilogrammes de sel par mètre cube de terre.

5º Couche de fumier d'écurie de 15 centimètres d'épaisseur.

6º Lit de 25 centimètres d'épaisseur, formé par des balayures, des immondices, des vases, des boues, de la tourbe, etc.

Ces six couches se trouvant établies, tu peux ouvrir une nouvelle série.

Veux-tu désinfecter le purin de la fosse, lui donner plus d'énergie, et hâter la fermentation du compost ?

Fais dissoudre dans de l'eau un kilogramme de sulfate de fer par mètre cube de purin, avec 100 grammes d'acide sulfurique.

Jette cette dissolution dans la fosse purinique.

Une écume dénotant la fermentation se produit à la surface du liquide que tu projettes, par un beau temps, sur le compost.

Après six mois, tu coupes le compost à la pelle, et tu en mélanges toutes les parties.

Cela fait, tu procèdes à un dernier arrosage purinique, et tu te trouves possesseur d'un bien puissant engrais.

La Préparation des Terres.

LES LABOURS PROPREMENT DITS.

Le sol le plus amendé et le plus richement fumé répondrait mal aux espérances du laboureur, s'il n'était convenablement façonné pour recevoir les semences et faciliter l'entretien des plantes.

Les terres riches en matières organiques, comme la tourbe et diverses terres du sous-sol, comme les tufs, les argiles et les marnes, restent improductives assez longtemps après avoir été ramenées à la surface du terrain.

Il en résulte que la croûte superficielle du globe réunit seule les conditions nécessaires à la végétation.

C'est cette croûte qu'il s'agit pour toi de préparer, ou plutôt de pétrir.

Une opération bien importante appelée *labour* t'en fournit les moyens.

Le labour fertilise le sol par l'assainissement qu'il lui procure.

Il provoque ainsi l'augmentation de la masse des principes nutritifs indispensables à la récolte.

En effet, il y a constamment, entre l'air et la terre, une action et une réaction qui sont les conditions absolument nécessaires de toute vie.

Il expose un plus grand nombre de points de la surface de la terre au contact, non-seulement de l'atmosphère, mais encore de la pluie qui est rendue, par son acide carbonique, un énergique dissolvant.

Il augmente mécaniquement et chimiquement la capacité du sol pour les fluides fertilisants.

Il ajoute à l'effet des engrais, car les terres qui les absorbent le plus sont les plus aérées.

Que dis-je ? Il ajoute à leur masse, en ce que plus forte est la récolte, plus gros est le tas de fumier.

Il détruit la mauvaise herbe qu'il enterre, coupe ou arrache.

Il facilite l'extension des racines.

Il favorise le développement des chevelus destinés à sucer les sucs nutritifs en contact avec eux.

Il vient en aide à la dissolution et à la décomposition des matières solubles et fermentescibles.

Il draine la terre, en la rendant plus meuble.

Meilleur est le labour, mieux vaut le sol.

Le labour varie en raison de la composition de la terre et de son état au moment des semailles.

Il varie aussi en raison de la plante à cultiver.

Il sera plus profond sur les terres légères ou sèches, que pour les terres assez fortes ou humides pour être difficilement pénétrées par les agents atmosphériques.

Il sera moins profond pour des plantes à courtes racines que pour des plantes à longues racines.

Il dépend également de la végétation particulière des espèces.

Il dépend enfin de l'épaisseur de la couche de terre végétale.

Le nombre des labours tient à la destination, à la nature et à l'état actuel du sol.

Il tient aussi aux circonstances atmosphériques dont l'opération est précédée, accompagnée et suivie.

Il tient encore à l'espèce de plantes à cultiver.

Faits coup sur coup, plusieurs labours ne valent rien, et même sont très-dangereux.

Bien distancés, ils donnent à l'air le temps de fertiliser suffisamment la terre.

Les époques favorables au labour sont subordonnées au climat, au temps, à la nature du sol, et à l'état de celui-ci.

Par l'ameublissement, le bon labour rend la terre assez poreuse.

Or, la terre sans pores est une masse inerte qui ne peut rien produire, et que la glaise pure te représente.

Le bon labour te rend ainsi le service de déplacer et de ramener, à la surface, les parties soulevées par le soc de la charrue, au fond de la raie.

6.

Par suite, il entraîne, au fond du sillon, les parties formant la surface.

De là l'avantage de la charrue avec versoir, sur les autres charrues.

De là aussi la perfection plus grande du labour à la bêche, qui, par malheur est lent, pénible et dispendieux.

Quant au labour de défoncement, il augmente la couche de terre végétale.

Il favorise la nutrition et le développement des racines.

Par le mélange de deux terres dont l'une, extraite du sous-sol, est un amendement, il stimule le sol.

Il transforme en terrain substantiel le sable aride auquel une terre compacte est jointe.

Il dessèche le fonds fangeux.

En été, il retarde l'effet d'une évaporation incomplète.

Il détruit les plantes nuisibles, en allant jusqu'à l'extrémité de leurs racines.

Cependant il exige plus d'engrais, surtout dans les premières années.

Il diminue, quand le sous-sol n'est pas un amendement, la fécondité du terrain, pour plusieurs années.

La raison en est qu'il ramène à la surface une mauvaise terre.

Le soc de la charrue et le fer de la bêche sont, tu le vois, des membres artificiels que la science nous a procurés pour suppléer à notre faiblesse.

LA CHARRUE.

La charrue est un instrument de localités.

A chaque sol la sienne !

La charrue trace le sillon.

Trop long, le sillon fatigue les bêtes, et oblige à leur faire faire des haltes nuisibles à la régularité du travail.

Trop court, il force à faire tourner fréquemment l'attelage et l'instrument.

Accouple serré.

Emploie, pour plus de régularité dans le travail, deux bêtes au lieu de quatre, sur la terre peu compacte.

Sers-toi de deux animaux de même force, pour que ceux-ci tirent également.

Verse en haut, en labourant.

Le labour fait transversalement à un autre labour prépare bien la terre.

Le labour le meilleur est celui qui, multipliant les sillons, n'enfouit pas trop la partie la plus fertile du sol, constituée par la surface.

Il est celui qui émiette le mieux la terre.

Il est celui qui, pour la destruction des herbes par étouffement, fait de larges tranches.

Il est celui qui, en terre argileuse d'une excessive humidité, fait marcher, à cause du piétinement, les chevaux, à la file, dans la raie ouverte.

Il est encore celui qui, dans les terres trop collantes, a lieu, à l'aide d'oreilles en bois.

Charrue défectueuse, animaux mal dressés, et bêtes mal attelées, mauvais labour.

Pour les terres compactes, laboure avec des chevaux.

Au champ d'une consistance tenace, donne plusieurs labours.

Remets à un autre moment le labour de la terre trop humide ou trop sèche.

Comme le beau temps, le bon état de la terre fait la bonne besogne.

Dispose la terre arable suivant sa nature propre et celle de ses parties constituantes.

C'est le moyen de lui faire absorber le plus possible d'air.

En conséquence, dans les terres non compactes et assez profondes, laboure à plat.

Laboure en billon le sol par trop superficiel.

Laboure de même la terre qui a beaucoup à craindre l'humidité.

Si tu le peux, utilise les intervalles mis entre les billons.

Les principales pièces de la charrue à avant-train sont :

Le coutre, sorte de couteau placé perpendiculairement la tête en bas, pour fendre la terre, pendant la marche de la charrue.

Le soc, instrument de fer, pointu à l'extrémité, s'élargissant aussitôt, et placé horizontalement, pour détacher et soulever la bande de terre, suivant la ligne tracée par le coutre.

Le versoir, adapté à la suite du soc, et destiné à renverser la bande de terre qui vient d'être détachée.

Le sep, qui forme la base de la charrue, et sert à fixer les différentes pièces qui la composent.

Les mancherons, pièces de bois qui s'élèvent de part et d'autre, à la partie postérieure de la charrue, et que le laboureur tient à la main, par une extrémité, pour diriger et maintenir l'instrument.

L'avant-train, situé en avant du corps de la charrue, pour lui servir de point d'appui, et régulariser la marche.

La charrue à avant-train augmente le tirage.

Dans les terres qui ne sont pas très-légères, elle exige un attelage de 4 bêtes là où 2 animaux suffisent pour la charrue simple.

Les conditions d'un usage avantageux de la charrue sont, outre celles qui précèdent :

Que le laboureur conduise en même temps soc et attelage.

Que la charrue soit composée des pièces strictement nécessaires.

Que le soc soit plat et tranchant.

Que la machine n'ait qu'une oreille ou versoir.

Que cette oreille nettoie parfaitement le fond de la raie, et range les terres sur le côté.

Que le labour présente une profondeur proportionnée à l'épaisseur de la couche de bonne terre.

Qu'il soit le plus étroit possible.

Que, dans tout mouvement, la charrue obéisse avec précision au conducteur.

Ne pouvant jamais trop utilement user de la charrue, écoute encore ceci :

Un des plus graves inconvénients du labour en billon est de rendre l'humus du champ facile à entraîner par la pluie.

Sur la terre forte, le labour vaut mieux relevé que renversé.

Relevé, il permet à la pluie d'agir sur les deux côtés du sillon, et de déliter ainsi la terre.

Le labour hâté ne vaut pas le labour lent.

Dans le terrain en pente, laboure de telle manière que la pluie ne puisse entraîner les terres.

Plus le *cli* mat est chaud, plus les labours d'été peuvent nuire aux ter res sèches et légères.

Ne laboure pas les sols mouillés.

Négligeant de tracer le sillon d'écoulement, tu exposes tes récoltes à être noyées.

La terre mesure ses dons à la qualité du labour, comme à la quantité de bonne fumure.

Une des meilleures manières de la prendre est de la bien labourer.

Sais-tu pourquoi la Grèce et la Judée, autrefois si fertiles, ont perdu leur verdure et leurs rivières ?

Ce n'est pas parce que, comme certains le prétendent, elles n'ont plus leur phosphate de chaux.

C'est parce que, depuis dix-huit siècles, elles manquent de laboureurs aussi habiles que ceux dont, autrefois, les sages pratiques rendaient la terre généreuse.

C'est parce qu'elles ont perdu les végétaux ligneux qui y attiraient l'eau, et les populations qui les couvraient.

C'est surtout parce que le labour n'y déchire plus assez la terre pour l'exposer, dans la plupart de ses parties, au contact fécondant de l'atmosphère.

L'ARAIRE.

L'araire contient toutes les pièces de la charrue à avant-train, sauf la dernière.

Il exige plus d'habileté et d'attention.

Il ne se manie pas absolument de la même manière.

Ainsi, pour faire avancer le soc de la charrue à avant-train, on appuie sur les mancherons, tandis que, voulant faire pénétrer profondément le soc de l'araire, on les relève.

L'araire est impropre aux labours profonds.

Il ne trace dans le sol qu'un sillon triangulaire arrondi dans sa superficie inférieure.

Il remue la terre sans la renverser.

Il ne pénètre guère au-delà de 20 centimètres.

Il exécute peu de travail.

Pour produire un bon labour, les sillons qu'il forme doivent être très-rapprochés.

Son labour est suffisant dans les terres plantées en vignes, oliviers et mûriers.

Il l'est aussi quand il s'agit de préparer le sol avant la semaille, de semer sous raies, ou de limiter la largeur des grands sillons qu'on trace en semant, et d'ouvrir les raies d'écoulement.

L'EXTIRPATEUR.

L'extirpateur est construit à peu près comme une charrue.

Il porte plusieurs socs ordinairement triangulaires et tranchants.

Ces socs coupent les racines des plantes en végétation.

En même temps ils soulèvent et remuent légèrement toute la surface de la terre, sans la retourner, comme le fait la charrue.

L'extirpateur est un instrument à deux fins.

D'abord, sur le sol durci par la sécheresse, il couvre la semence.

Puis il détruit la mauvaise herbe, enlève le chaume, et ameublit la terre à une profondeur de 12 à 15 centimètres.

LA FOUILLEUSE.

La fouilleuse ou charrue-taupe, laboure le sous-sol sans le retourner, ni le mêler au sol.

On la fait marcher à la suite d'une charrue ordinaire, dans le même sillon.

LE SCARIFICATEUR.

Le scarificateur est une sorte d'extirpateur dont les socs coupent la terre dans un sens vertical.

Son action est plus énergique que celle de l'extirpateur.

LE RIGOLEUR.

Le nom de l'instrument indique son utile destination.

Donne aux raies assez de pente pour que l'eau s'écoule facilement.

Dans les fortes pentes, rends-les obliques, pour empêcher l'eau d'entraîner trop la terre.

Au besoin, fais plus encore, et, en d'autres termes, creuse, sur le passage des eaux, des fosses où puissent se déposer les terres que tu te réserves de ramener sur le champ.

Facilite, mais pas trop, l'écoulement des eaux qui, excessif, entraînerait avec beaucoup de plantes, la meilleure terre qui est celle de la superficie.

Aussi, pour prévenir ce grave inconvénient, laboure-t-on à plat les terres sablonneuses ou calcaires qui, très-divisées, laissent trop filtrer l'eau.

LA HERSE.

La herse a la forme d'un carré, d'un triangle, d'une lo-
sange ou d'un parallélogramme.

Elle est une espèce de grand râteau garni de pointes en
bois ou en fer, suivant la nature du terrain et de la culture.

Le travail de la charrue terminé, elle divise les mottes
de terre, arrache les mauvaises herbes, et recouvre la
semence.

Elle peigne terres, cultures et prairies.

Au printemps, elle éclaircit les céréales d'automne, et
en les éclaircissant, aère la superficie de la terre, pour les
mieux disposer à taller.

Herse après chaque labour.

Herse de telle manière que, pour bien ameublir la terre,
l'instrument marche vite sans sautiller.

Quand la terre est trempée, ne herse pas.

Ne herse pas non plus quand le temps est trop sec.

Herse dans le sens, d'abord de la longueur, puis de la
largeur du champ.

Ainsi faire sera croiser les raies laissées à la surface du
terrain par le premier hersage.

Pour que la bande de terre recouverte par la herse soit
régulièrement travaillée, les dents doivent tracer des raies
distinctes et également espacées.

Si une dent suivait le trait d'une autre, le travail n'y
gagnerait pas, et la traction serait augmentée.

En outre, il faut à l'instrument des dents disposées de
manière à ramener et à rassembler les herbes traçantes à
la surface du sol, sans que la herse se trouve trop promptement engorgée.

La herse primitive, qui convient encore pour les sols
très-légers, était un assemblage de fagots d'épines attachés
à une pièce de bois et chargés de pierres.

LE ROULEAU.

Le rouleau est un cylindre de bois, de pierre ou de fer
creux que l'on fait rouler à la surface du sol.

Le roulage s'appelle aussi plombage quand il a pour objet
de rendre plus ferme la superficie du sol.

Roule pour briser la motte qui a résisté à la herse.

Roule pour unir la terre et faciliter la fauchaison.

Roule pour procurer de la fraîcheur à un terrain léger.

Roule pour mettre partout les fines semences en contact avec le sol.

Roule pour prévenir le déchaussement des jeunes plantes.

Roule la plupart des céréales un peu avant qu'elles montent en épi, pour leur faire pousser plus de rejets.

Sur le labour en billon, roule à l'aide de rouleaux courts que tu feras passer successivement sur les deux côtés du billon.

Ne roule ni une terre trop humide, ni une terre trop sèche.

L'emploi alternatif et répété du rouleau et de la herse ameublit les terres les plus tenaces.

Quant au rouleau à pointes, il brise toute motte, et réduit en poussière le labour le plus incomplet.

Il remet un labour ancien en état de recevoir la semence.

Il rétablit le terrain trop plombé par la pluie ou une inondation.

Il brise les terres sans mauvaises herbes.

⸺⸺⸺

Les Cultures d'entretien.

L'UTILITÉ ET LA NÉCESSITÉ DES CULTURES D'ENTRETIEN.

La campagne cultivée avec amour fait de l'agriculteur un riche pourvoyeur de denrées alimentaires.

Les végétaux visités des abeilles sont ceux qui produisent le plus.

Hé bien, il en sera de même de la campagne que tu visiteras sans cesse.

Partout où chante un coq, il y a des cultures à entretenir, et, par suite, une terre qui veut-être sans cesse fertilisée.

En ce qui concerne la plante, elle est comme l'enfant : elle a besoin de ne pas être perdue de vue un seul instant.

Elle aime l'air.

Offre-lui-en, en l'éclaircissant, ou en la débarrassant de

la mauvaise herbe qui l'étouffe, et qui s'empare d'une partie de sa nourriture.

Elle se déchausse.

Roule-la.

Dans la région du collet, elle manque de terre ou de fraîcheur.

Bute-la.

A de certains moments, elle aime un sol égratigné.

Avec la herse, fais selon son désir.

La pluie la noie.

Sauve-la par la création ou la réparation de la rigole.

Elle a soif.

Donne-lui à boire en l'arrosant.

Elle a faim.

Jette dessus un peu d'engrais liquide ou pulvérulent.

Elle croît trop touffue et trop vite.

Epampre-la par ton troupeau ou par toi-même.

Des insectes la rongent.

Débarrasse-l'en de toutes manières.

Les cultures d'entretien sont, tu le vois, des travaux protecteurs exécutés sur le sol où les plantes sont en végétation, et sur les plantes elles-mêmes.

Ces travaux sont principalement constitués par les opérations qui vont être définies.

LE SARCLAGE.

Le sarclage a pour but d'aérer le sol, de l'ameublir, d'offrir l'occasion d'éclaircir, et, avant tout, de détruire les mauvaises herbes.

Il a lieu à l'aide de la houe à main, dans les récoltes semées à la volée.

Il a lieu à l'aide de la houe à cheval, dans les récoltes semées en lignes.

Cet instrument est garni d'un soc et de plusieurs coutres, et extirpe les plantes nuisibles.

On le dirige entre les rangs de plantes.

Son travail terminé, il n'y a plus qu'à enlever la mauvaise herbe, dont on fait un engrais pour la terre, ou, qu'après lavage, on offre aux animaux, auxquels, comme nourriture verte, elle convient.

Ses couteaux doivent s'écarter ou se resserrer quand tu le veux, pour qu'il puisse fonctionner partout également, quel que soit l'éloignement ou le rapprochement des lignes.

Le sarclage est une préparation ou un complément du binage.

Préparation, il arrache l'herbe nuisible, dès sa jeunesse, de manière à empêcher la plante d'être foulée ou déchaussée.

Complément, il peut arracher avec force les végétaux nuisibles, avant la fleur, ou, au moins, avant la graine.

En outre, par les inégalités qu'il produit, comme le binage, à la surface du terrain, il retient les eaux sur le sol où elles sont nécessaires.

LE BINAGE.

Le binage brise partout la croûte formée par la superficie du sol, qu'ainsi il divise et aère.

Il permet à la rosée, et à une pluie douce qui sont les bienfaitrices du terrain ameubli, de pénétrer suffisamment celui-ci.

La façon a lieu à l'aide de l'instrument appelé *binette*, ou, de la houe à cheval.

Disons de celle-ci qu'elle fait merveille dans les récoltes semées en lignes, mais ne peut s'appliquer au sol rempli de gros cailloux.

Tu as souvent le tort de ne biner que quand, en se développant, les plantes nuisibles ont déjà enlevé au sol une grande partie de ses sucs nourriciers, ou que quand le sol argileux a une croûte trop dure.

Puis, trop rarement, tu appliques le binage aux céréales, qu'il rend magnifiques.

Il n'y a que la terre légère, et naturellement sèche, que tu puisses te dispenser de biner.

LE BUTAGE.

Buter, est rechausser la plante dont la racine craint trop de chaleur.

C'est lui procurer la facilité de mieux résister aux efforts du vent.

C'est aussi l'exciter à produire de grosses racines, et de nombreux et beaux tubercules.

Le butoir, quand on n'emploie pas un autre instrument,

est muni d'un soc et de versoirs qui rejettent et accumulent, le long des plantes, la terre divisée par le soc.

Sous le climat froid, bute sur la terre par trop superficielle.

Bute sur celle qui, quoique profonde, est légère et sèche.

Ne bute jamais sur la terre compacte à couche arable assez profonde.

Sous le climat chaud, ne crains pas de buter sur le sol consistant.

Bien appliqué, le butage entretient, autour de la plante, une fraîcheur salutaire.

Il convient particulièrement aux plantes dont la tige pousse des racines latérales là où seraient venus des bourgeons, si cette partie, au lieu d'être couverte de terre, était restée exposée à l'air.

Devant buter une seule fois, ne choisis pas, pour te mettre à l'œuvre, le moment de la première croissance de la plante.

N'ayant pas à la buter dès son enfance, bute-la, dès sa jeunesse, une première fois.

Bute-la, une seconde fois, quand la tige a pris beaucoup plus de développement.

La perfection de l'opération consiste à amonceler, autour de la tige, une butte de terre qui, sans recouvrir le feuillage, soit cependant aussi élevée que possible.

L'alternance des cultures, selon la science.

L'UTILITÉ ET LA NÉCESSITÉ DE L'ALTERNANCE.

Meilleure est la terre, plus les plantes lui prennent.

Elle ne cesse de donner que quand elle est ruinée.

Épuisée, que peut-elle faire ?

Si elle avait une bouche, elle répondrait à ta demande : *Je n'ai plus rien.*

L'épuiser, cette bonne terre, c'est éventrer la poule qui te pond des œufs d'or.

Et cependant, sous un bon maître, elle hait le repos.

Même laissée là par le semeur, elle se sème d'elle-même.

Elle désire toujours aller.

Elle va tant , qu'il lui faut , pour se remettre, changer de plantes.

Jamais deux grains pareils , de suite.

Jamais, de suite, deux plantes se nourrissant l'une comme l'autre.

Le plus souvent, cela l'écrase.

Cela la rend semblable à l'homme auquel on défendrait , quand une épaule est fatiguée , de mettre son fardeau sur l'autre.

Elle a vingt espèces de sucs , cette excellente nourrice.

Un pour le blé, un pour la pomme de terre , un pour le colza , un pour la luzerne.

Quand un suc est pompé , laisse-lui le temps de se refaire.

Ayant pris à la vache tout son lait , attends le lait à revenir.

Comme tu le vois , la terre a , au lieu de caprices , des défaillances , et , par suite, des besoins.

Faire selon ces besoins, s'appelle *alterner les cultures.*

Je mourrai content, disait Rozier, quand , dans la France entière , l'art d'alterner les récoltes sera universel et porté à sa perfection.

L'alternance est une loi de nature.

Elle en est une pour l'horticulture elle-même, dont, pourtant, les engrais sont si abondans , si variés et si puissants.

En conséquence , il y a grand péril à s'en écarter.

Dire *alternance* est dire *variété.*

C'est dire, comme Virgile, que la terre se repose en changeant de richesses.

Ce n'est pas tout de fumer : il faut alterner.

Aucune fumure, provenant du domaine, ne saurait être assez abondante pour rendre à la terre épuisée toute sa fécondité à l'égard de la même plante.

Pour se dispenser, sans danger, de l'alternance, il faudrait pouvoir restituer à la terre toutes les espèces et quantités de sucs que la récolte vient de lui prendre.

Que dis-je ? Il y aurait , en quelque sorte , à renouveler toute la couche arable.

On a bien vu des terres produire, vingt fois de suite , un froment magnifique.

Mais ces terres , qui étaient d'une extrême fécondité naturelle, et richement fumées, constituaient tout simplement une exception qui ne prévaut pas contre la règle.

Alterner est, par exemple, mettre la terre de labour en prairie, puis, plus tard, celle-ci en terre de labour.

C'est, par conséquent, la rendre, après la prairie, plus pénétrable à l'air, et la débarrasser des insectes qui l'infestent.

C'est la couvrir, après la culture qui l'a salie, de celle qui la rendra propre.

C'est lui faire donner, à une culture subséquente, les sucs dont la culture précédente ne se nourrissait pas.

C'est permettre aux sucs à peu près épuisés le temps de se refaire sous une culture, à cet égard, améliorante.

Les arbres eux-mêmes n'échappent pas au besoin d'alternance.

Ainsi, le pêcher, par des motifs sur lesquels les agronomes ne sont pas d'accord, ne veut pas succéder au pêcher.

Ainsi, une forêt de sapins se substitue d'elle-même à une forêt de hêtres.

Partant, il importe à la terre d'être entretenue, par des cultures en remplaçant d'autres, dans un état convenable d'ameublissement et de propreté.

Partant aussi, les cultures qui épuisent le sol, les unes en haut et les autres en bas, doivent être précédées ou suivies de plantes qui, en faisant le contraire, rendent la terre généreuse à leur égard et à celui des plantes qui viendront après elles.

Pour plus de brièveté, disons qu'à toute culture épuisante doit succéder une culture améliorante, en ce que celle-ci prend peu au sol, ou lui rend, par ses débris, par exemple, plus qu'elle n'en tire.

Il y a des plantes qui, jusqu'à un certain point, se servent mutuellement d'engrais et d'amendement.

La raison en est qu'elles se favorisent l'une l'autre par leur manière de se succéder.

Par exemple, le blé et l'avoine, qui veulent beaucoup de silice, succèdent bien au trèfle, qui en demande peu, et dont souvent la dernière coupe est enterrée.

Le colza et les fèves forment, comme le trèfle, une bonne préparation pour le froment.

L'avoine qui vient à la suite d'une luzerne est magnifique.

Sur gazon rompu, l'avoine réussit mieux que le blé.

Celle-ci et l'orge aiment mieux que le blé, venir après une récolte de pommes de terre.

La betterave, les fèves et les carottes peuvent revenir à des époques rapprochées.

Une abondante fumure permet à certaines plantes épuisantes, telles que le chanvre, de revenir, à d'assez courts intervalles, sur le même terrain.

Le pré, fauché après maturité, s'épuise plus que celui qu'on fauche au moment de la fleur.

Bien des plantes, comme le trèfle, le sainfoin et la luzerne, se refusent longtemps à reparaître sur le sol qu'elles ont cessé d'occuper.

Comme, en ce qui concerne le pêcher, on attribue le fait à l'effritement du sol, qui est un accident dont la cause ne me semble pas assez exactement expliquée pour que j'en parle.

En règle générale, considère, comme améliorantes, les plantes qui, ayant des racines petites et peu nombreuses, vivent principalement des gaz que leur feuillage touffu tire de l'air, et, en même temps, étouffent les plantes nuisibles.

En général, aussi, considère comme épuisantes les plantes qui, ayant peu de feuilles, ont des racines longues, volumineuses et nombreuses.

Cela étant, il y a des plantes qui, très-améliorantes par leur feuillage, sont très-épuisantes par leurs racines.

Au reste, à cet endroit, ni la science, ni la pratique ne me semblant pas encore avoir dit son dernier mot, observe et essaie, en attendant une lumière éclatante.

En principe, sur lequel, dans ton intérêt, je ne puis trop souvent insister, fais succéder la récolte positivement améliorante à la récolte positivement épuisante, et, celle-ci à celle-là.

Ne cultive pas deux mêmes céréales l'une après l'autre.

Fais revenir assez souvent la culture sarclée.

Elle purge plus le sol que le pré artificiel qui étouffe, au lieu de la détruire, la mauvaise herbe.

Dans le même but, applique le fumier à la récolte sarclée.

Le sarclage et le binage détruiront l'herbe produite par les graines y contenues.

A cause de l'hybridation, éloigne, les unes des autres, certaines récoltes composées de plantes de la même famille.

Il est, par exemple, positif que le voisinage du colza modifie désavantageusement le chou, et que, même à une assez grande distance, la carotte sauvage peut faire dégénérer la meilleure carotte cultivée.

Songe, à propos du besoin d'alternance, que la prolongation de certaines cultures multiplie prodigieusement les insectes nuisibles.

Elle va jusqu'à ramener sur le sol toutes les plantes qui y croissent spontanément, et que la culture y avait supprimées.

L'ASSOLEMENT.

L'assolement est l'opération qui consiste, en vue de l'alternance projetée, à répartir, dans une année, les plantes, sur plusieurs parties égales ou soles du domaine, abstraction faite du pré naturel.

La bonté de l'assolement dépend de circonstances locales telles que l'étendue des terres, la nature du sol, le climat, l'éloignement ou la proximité d'un grand centre, les débouchés, etc.

En assolant, ne perds pas de vue que la terre s'épuise d'autant moins que la végétation des plantes est courte et accélérée.

Ne perds pas, non plus, de vue que, supprimer la jachère morte, sans disposer, pour l'alternance à établir, des avances nécessaires, qui sont considérables, serait ruiner les terres.

Ce n'est pas tout de faire une bonne chose : il faut la bien faire.

EXEMPLE D'ASSOLEMENT.

1re SOLE.	2e SOLE.	3e SOLE.	4e SOLE.
Blé.	Cultures sarclées.	Avoine.	Trèfle.

LA ROTATION EN GÉNÉRAL.

La rotation est la mise en pratique de l'alternance préparée par l'assolement.

Un grand nombre d'agronomes confondant l'assolement avec la rotation, rétablissons les faits.

L'assolement est la base, c'est-à-dire le point de départ de la rotation.

Quant à celle-ci, elle indique la manière dont les plantes doivent se succéder.

Elle est une période dont la durée peut être de 2 à 15 ans.

C'est la rotation qui, judicieusement choisie, établie et pratiquée, t'aura valu quelque chose qui naît des exemples donnés par les Anglais, les Belges et les Allemands, nos maîtres : la culture raisonnée.

C'est elle qui t'aura débarrassé de quelque chose qui meurt : la jachère pure.

La meilleure rotation est naturellement celle qui donne les produits les plus abondants et les plus avantageux.

C'est celle qui fournit le plus d'engrais.

Elle laisse, à la fin de la période qui la caractérise, le sol le plus amélioré, à tous égards.

Elle se règle sur le temps après lequel doit reparaître celle des plantes de l'assolement qui veut être renouvelée, à l'époque la plus éloignée.

Aussi, n'introduiras-tu pas, sans t'exposer à des mécomptes, le trèfle, dans une rotation de moins de 4 ans; le sainfoin, dans une rotation de moins de 6 ans, et la luzerne, dans une rotation de moins de 12 ans.

LA ROTATION ALTERNE.

La rotation alterne est la consécration de la terre, moitié à la nourriture de l'homme et moitié à celle des animaux.

C'est à tort qu'on l'appelle *biennale*, c'est-à-dire, de deux ans.

Elle détruit le plus possible d'herbes adventices, en les remplaçant par des récoltes réelles.

Elle favorise, dans une large mesure, la culture des plantes sarclées.

Elle alterne, d'année en année, entre les céréales et les récoltes fourragères.

Par suite, elle alterne entre les cultures qui épuisent et celles qui n'épuisent pas, comme aussi entre celles qui salissent et celles qui nettoient.

Elle comporte la culture des plantes industrielles pour les cas où tu peux apporter, sans trop de dépense, d'abondants engrais du dehors.

Voici, pour un domaine de 40 hectares, divisé en quatre soles, un exemple d'assolement alterne.

1re sole : Betteraves , pommes de terre , carottes , choux-navets , etc.

2e sole : Céréale de printemps.

3e sole : Trèfle , pois ou vesce.

4e sole : Blé d'hiver.

LA ROTATION TRIENNALE AVEC JACHÈRE MORTE.

La rotation triennale avec jachère morte constitue l'agriculture la plus arriérée.

Elle s'oppose à l'abolition de la vaine pâture en laissant la terre sans récoltes , et , pendant une partie de l'année , couverte d'herbes nuisibles.

Elle force le sol, laissé en jachère, à rester improductif.

Elle est un obstacle à l'introduction des plantes artificielles ou sarclées.

Elle exige, pour former l'engrais réclamé par les plantes, 30 hectares de prairies naturelles sur 100 hectares de terres.

Plus que toute autre rotation , elle expose la récolte aux dommages du temps et des insectes.

Sans nécessités locales , tu es impardonnable de la conserver.

Elle n'a de raison d'être que dans cinq cas.

Quand tu n'as pas assez d'avances pour y renoncer, comme, d'ailleurs , je te l'ai déjà dit.

Quand ton domaine, n'étant pas clos, il y a , dans la commune, parcours et vaine pâture.

Quand tu ne peux avoir assez de fumier pour toujours récolter.

Quand les herbes adventices ont gagné les devants sur toi.

Quand tu as à ameublir une terre par trop tenace.

Si , pouvant la supprimer , tu n'y renonces pas, voici ce qui t'arrivera.

Tu auras peu de fumier.

Tes terres n'en recevront une quantité suffisante que tous les trois ans, c'est-à-dire, à l'époque de l'arrivée de la rotation du blé.

LA ROTATION TRIENNALE AVEC JACHÈRE CULTIVÉE.

1re année ou 1re sole : blé d'hiver.

2e année ou 2e sole : céréale de printemps.

7.

3e année ou 3e sole : jachère cultivée, au lieu de jachère morte.

LA ROTATION QUADRIENNALE.

Ici le domaine, abstraction faite du pré naturel, forme 40 hectares partagés en quatre soles.

ANNÉES ET ASSOLEMENTS.	1re SOLE.	2e SOLE.	3e SOLE.	4e SOLE.
1re année ou 1er assolement.	Cultures sarclées.	Avoine.	Trèfle.	Blé.
2e année ou 2e assolement.	Avoine.	Trèfle.	Blé.	Cultures sarclées.
3e année ou 3e assolement.	Trèfle.	Blé.	Cultures sarclées.	Avoine.
4e année ou 4e assolement.	Blé.	Cultures sarclées.	Avoine.	Trèfle.

Évidemment, cette rotation est, par les motifs sus-indiqués, bien préférable à la rotation triennale avec jachère cultivée, et, surtout, avec jachère morte.

LA ROTATION QUINQUENNALE.

La rotation quinquennale comprend une période d'un an de plus que la rotation quadriennale, c'est-à-dire, de cinq ans.

LA ROTATION SEXENNALE.

Si, là où il y a rotation alterne, tu introduis la culture du trèfle, la rotation sera sexennale, c'est-à-dire de six ans.

Il est élémentaire, en agriculture, que les céréales alternées et préparées par une culture qui leur est avantageuse, sont beaucoup plus productives que celles qui, arrivant l'une après l'autre, n'ont pas reçu une préparation suffisante.

On sait également que, par un cercle heureux forçant à fumer trois fois, au lieu de deux, en six ans, la rotation se procure le surcroît nécessaire de fumier.

En effet, elle donne plus de fourrage, et elle restreint la vaine pâture aux plus étroites limites.

En conséquence, la rotation sexennale prime celles qui précèdent.

Par une avantageuse succession de cultures, elle présente des terres presque toujours productives.

Elle fait à peu près disparaître la jachère pure remplacée par des sarclages.

Elle permet au trèfle de ne pas revenir avant six ans.

Plus propres, les terres se salissent moins.

Presque toujours remplies et cultivées, elles sont à l'abri des dommages du bétail.

La plupart des inconvénients du morcellement excessif sont supprimés.

La stabulation des animaux est favorisée.

Enfin, le propriétaire n'est plus gêné par son voisin, dont les cultures se trouvent placées dans les mêmes conditions que les siennes.

La rotation sexennale, en produisant plus d'engrais, en exige, il est vrai, davantage.

En donnant plus de produits, elle nécessite plus d'instruments de travail.

Mais, ce sont là des inconvénients dont, avec de l'intelligence et de la résolution, tu parviendras à triompher.

De la rotation triennale avec jachère cultivée, tu passeras facilement à la rotation sexennale.

Pour le faire, tu n'auras qu'à dédoubler les soles.

LA ROTATION DUODÉCIMALE

La rotation duodécimale est ainsi appelée, parce qu'elle est de 12 ans.

Là où sont des terres à sainfoin et à luzerne, divise-la en six années de prairies et six années de cultures, dont trois intercalées.

LA ROTATION QUINDÉCIMALE.

Introduisant sur ton domaine la culture de la luzerne qui, sur des terres de médiocre fertilité, ne doit pas revenir avant quinze ans, tu changeras la rotation en rotation quindécimale, c'est-à-dire, de quinze ans.

Les Plantes fourragères.

M'ayant, jusqu'ici, écouté, sans songer, pour mon excuse, que je suis le simple écho des agronomes qui trouvent indispensable l'applicatien de la science à l'art de cultiver la terre , tu vas me dire :

Le plus beau principe brille peu devant une chétive récolte.

On nuit également à la science et à l'art par des principes théoriques qui, bien souvent, échouent devant l'expérience.

La chimie a quelque chose de bon , mais elle n'est pas l'agriculture.

Il y a grande différence entre l'industrie, où le flambeau est la théorie , et l'agriculture, où il est une pratique fondée sur l'observation.

L'une s'exerce sur la vie , et l'autre sur la mort.

Dans l'agriculture , ce n'est pas tant d'analyses fréquemment démenties par les faits, qu'on a besoin, que de savoir tirer parti de sa position.

Et , par exemple qu'ai-je à former , sur les indications de la science , pour le concours de Poissy , un lauréat de l'espèce bovine qui aura absorbé de quoi bien nourrir au moins quatre animaux ?

Ce que je veux apprendre , c'est à faire venir sans fumure du dehors , dans beaucoup moins de champs, autant de blé qu'aujourd'hui j'en récolte, sans avoir à couper assez de fourrage.

Hé bien , cher laboureur , je vais te satisfaire , et me dédommager ainsi de n'avoir encore pu te procurer assez de lumière.

Point de bétail, de fumier, de grain et de racines sans prairies !

Qui n'en fait pas, ruine la terre et se ruine.

Un pré rapporte plus qu'un blé.

Qui a du foin a du pain.

C'est le mauvais fermier qui achète du fourrage, ou qui en manque.

La terre la plus fertile est sous le plus vieux gazon.

Propose-toi toujours le grand problème de faire pousser, le plus possible, de brins d'herbe, là où il n'en pousse aucun.

Quand tout cultivateur sentira combien il lui importe d'ensemencer ses terres de plantes fourragères, la vaine pâture aura disparu.

Comme nourriture d'hiver, les racines sont une bonne chose, mais la prairie vaut mieux que la jachère cultivée, en ce qu'elle enrichit le sol de débris végétaux.

Veux-tu devenir riche? sème du fourrage.

En chaque tête de bétail entretenue par le pré s'élabore ce qu'en fait d'alimentation humaine il y a de meilleur et de plus fortifiant : la viande.

Si tu n'as pas moitié de tes terres en prairies, ce sera grand hasard si tu fais plus que joindre les deux bouts.

N'en ayant pas près de deux tiers, ne compte jamais sur un terrain de haute fertilité.

C'est le fourrage, avec les débris qu'il laisse sur le sol, et l'engrais en lequel il se résout dans les entrailles des animaux, qui restitue à la terre les substances que le grain et les racines elles-mêmes lui ont volées.

Un peu de foin n'est rien : c'est une énorme masse qu'il t'en faut.

Tes bénéfices, sache-le bien, sont proportionnels à l'étendue du terrain consacré à la nourriture des bêtes, comparée à celle du terrain couvert de plantes plus ou moins épuisantes.

Deux nations, l'Angleterre et la France, cultivent, l'une, plus pour fourrages que pour céréales et racines, et l'autre, plus pour céréales et racines que pour fourrages.

Eh bien ! la première, non compris l'Irlande et l'Ecosse, récolte annuellement, sur 15 millions d'hectares, pour 2 milliards 323 millions de francs, quand, en France, cette valeur est, pour 40 millions d'hectares, de 2 milliards 752 millions, au lieu de 7 milliards 332 millions.

Quelle preuve de ce fait que là où l'on consacre le plus d'espace et d'engrais à la production de l'herbe, on réalise, en somme, le plus de profits avec infiniment moins de travaux de labourage !

Tout le mystère de l'agriculture est là.

Aussi, les sociétés savantes susciteraient-elles, beaucoup plus qu'elles ne le font, le progrès agricole, en ne primant que le cultivateur qui consacrerait la plus grande étendue proportionnelle de terres à des cultures fourragères, au lieu de cultiver beaucoup plus de racines que de fourrages.

LA PRAIRIE NATURELLE.

La prairie artificielle est une bien bonne chose, mais elle laisse, à cause de sa courte durée et des plantes peu variées dont elle se compose, une terre beaucoup moins améliorée que ne le fait la prairie naturelle.

Celle-ci conserve toute son utilité pour l'élève des bestiaux et pour l'emploi des terrains auxquels des inondations fréquentes et prolongées ne permettent pas d'appliquer une autre culture.

Les soins à appliquer aux prairies naturelles dépendent de leur nature.

Si elles sont humides, débarrasse-les des eaux insalubres qui y séjournent.

Si elles sont sèches, ingénie-toi à trouver le moyen de leur procurer l'humidité qui leur manque.

Les prairies basses et humides sont ordinairement infestées d'un grand nombre de plantes étouffantes, incapables de servir à la nourriture des bestiaux.

Le meilleur moyen de les détruire est de diminuer l'humidité, qui en favorise le développement.

Pour y parvenir, pratique des saignées, plus ou moins multipliées, destinées à conduire les eaux dans de grands fossés d'écoulement.

Complète l'œuvre avec la suie, la cendre, la chaux, la marne, etc.

Connais bien les plantes qui doivent composer le pré naturel.

N'y en conserve et sème que de bonnes.

Les meilleures graminées sont celles dont la graine mûrit le plus tôt et tombe avec le plus de facilité.

Les graines devant principalement concourir à l'ensemencement du pré sont les suivantes, dont, la première année, tu laisseras, avant de faucher, les produits mûrir entièrement.

Fromental — dactyle pelotonné — ray-grass ordinaire — flouve odorante hâtive — houque laineuse — thymothy — fétuque des prés, — et certaines légumineuses des bonnes prairies.

Pour former un pré durable, multiplie les plantes qui mûrissent ensemble.

La terre se **rafraîchit** par la variété des plantes qu'elle reçoit.

Le pré non irrigable se sème dans une terre bien nettoyée, et, en outre, bien préparée par des fumures successives.

Il peut aussi être établi au moyen de gazons posés sur un sol aussi aéré que possible.

Comme le fauchage le fatigue, et comme le pâturage peut le remettre, ne fauche deux ou trois fois que sur une terre très-fertile.

Ne le laisse pas brouter, au point que le collet des plantes soit déchiré.

Prends garde à la dent très-incisive des chevaux et des moutons.

Garantis-le contre les effets du piétinement des animaux.

Tiens au pâturage assez de bêtes pour que l'herbe, en montant en graine, n'épuise pas le gazon qui, en cet état, est désagréable aux animaux.

Donne de l'engrais à la prairie qui te semble le plus pouvoir s'en passer.

Une fumure répandue à l'approche de l'hiver doublera ta récolte.

Arrose judicieusement d'engrais liquide.

Amende, si tu le peux.

Etends à l'instant même, si tu n'aimes pas mieux les enfouir, les déjections du bétail.

Ravale la taupinière et la fourmilière.

La terre la plus fertile est celle qu'a remuée la taupe.

Détruis le ver blanc qui ronge les racines des plantes.

Quand la végétation est jeune, peigne-la avec la herse.

Enlève les plantes nuisibles avant la venue de la graine.

Fais sans cesse la guerre à la laîche, à la patience, au jonc et à la mousse.

Romps le pré trop envahi par les mauvaises herbes et les insectes.

Quoique le pré naturel puisse durer plus d'un demi-siècle, ne reste pas 15 ans sans le rompre.

LA PRAIRIE ARTIFICIELLE.

Le laboureur peu avancé ne croit pas aux bienfaits de la prairie artificielle.

Il s'obstine, le malheureux, à ne récolter que des céréales ou des racines qui, revenant toujours ou presque toujours à la même place, épuisent la terre qui, chaque fois, ne reçoit pas une fumure copieuse.

Le pré naturel, qu'il n'amende ni n'engraisse, et qui occupe à peine le quart de son domaine, ayant peu donné, il va au loin acheter des fourrages.

Naturellement mauvais, ou gâtés par la pluie survenue pendant le transport, ces fourrages sont, à cause de leur cherté, distribués avec parcimonie.

Une nourriture à la fois malsaine et insuffisante aide une étable insalubre à rendre le bétail malade.

Chétifs, les animaux ne donnent plus rien de bon en fumier, en chair, en laine, en lait et en travail.

De son côté, et comme pour protester contre l'imprévoyance du maître, la terre mesure ses dons en grain avec aussi peu de générosité qu'on la fume.

Il a bien tort, celui qui procède de la sorte, puisqu'on n'est bon laboureur qu'à la condition de ne savoir où loger son fourrage.

En effet, la prairie artificielle est la providence se faisant herbe pour le sauver, lui et sa terre.

Elle fait pour lui encore plus que la machine qui fait tant.

Pourquoi tant de contrées, naguère pauvres, sont-elles riches aujourd'hui, si ce n'est pour l'avoir appelée à leur secours ?

Les récoltes vertes, enlevant à la terre peu de principes nutritifs, laissent le sol qu'elles ont amélioré favorablement disposé pour des récoltes épuisantes.

Elles le remettent, quand celles-ci l'ont trop fatigué en montant en graine.

La prairie artificielle nettoie, en outre, la terre que l'herbe nuisible épuise tant.

Jusqu'à un certain point, elle l'ameublit.

Elle remplit le fenil qui, sans elle, resterait à moitié vide.

Elle empêche le bétail d'être exposé à une diminution de sa ration d'entretien.

Elle lui offre une nourriture salubre.

Elle varie ses aliments. .

Elle favorise la stabulation, à laquelle on doit tant de bon fumier et d'urine.

Elle dispense la ménagère et sa jeune famille de perdre

un temps précieux à tondre le fossé, et à couper l'herbe peu nutritive de la forêt.

Elle prépare les populations rurales à supprimer d'elles-mêmes la vaine pâture.

Elle ne comprend guère que d'une à trois espèces de plantes.

Elle n'est pas destinée à occuper le sol d'une manière permanente.

Elle doit être rompue après plus ou moins d'années, selon le temps mis par la plante à consommer la plupart des sucs dont elle a le plus besoin.

Elle veut être établie sur le terrain qui convient le mieux à l'espèce de plante à y faire croître.

En pays chaud, elle fournit peu de coupes de fourrages sans l'irrigation.

Souvent l'engrais en couverture lui fait faire merveille.

Elle demande un sol qui ne soit pas trop en pente.

Somme toute, elle est plus coûteuse que le pré naturel.

Plus que celui-ci, elle épuise la terre.

Mais, encore une fois, elle le remplace là où il ne peut être créé, et complète son œuvre sur le domaine où il ne peut tout faire.

Médite bien ce chapitre, car, je le répète, l'agriculture est une pyramide dont le fourrage doit être la base, et, sans prés naturels ou non, point de fumier, de viande, de lait, de grain, d'excellentes terres à blé, et, partant, point de profits.

Le Pâturage.

LE PATURAGE PAR PARCAGE.

Veux-tu économiser la paille ou fumer une terre de difficile accès ?

Enferme, sur celle-ci, pour la nuit, les moutons dans une enceinte mobile appelée *parc*.

On donne au parc une étendue d'un mètre carré par mouton.

Le parcage produit des sels, mais pas d'humus.

S'il raffermit et nettoie la terre , il expose le troupeau aux intempéries , surtout funestes aux sujets non adultes.

Les parcages d'été sont les meilleurs.

Il en est de même de ceux de printemps.

On parque aussi les autres animaux.

Cependant, quand les sujets de toute taille , de tout âge et de tout sexe sont confondus , les plus forts vivent aux dépens des plus faibles.

Non enfouies immédiatement, les déjections perdent beaucoup , à l'air , de leurs vertus fertilisantes.

LE PATIS COMMUNAL.

Le pâtis communal est le lieu où paissent les animaux qui ont besoin de prendre l'air, qui ne reçoivent pas, à l'étable, les fourrages de la prairie artificielle, ou auxquels le laboureur ne peut offrir chez lui une alimentation suffisante.

Il procure aux bêtes une maigre nourriture.

Il les condamne au jeûne.

Pendant des journées entières , il les expose à souffrir dans leur accroissement , à dégénérer sous toutes sortes d'intempéries , et à se blesser dans la lutte ou la course.

Il fait perdre un temps considérable à la famille dont un des membres est chargé de la garde du troupeau , quand , en agriculture , le temps est de l'argent.

Il est dispendieux, par l'obligation qu'il impose de placer le bétail sous la baguette ordinairement inintelligente du pâtre.

Il entraîne de grandes pertes de fumier et d'urine , quand le profit agricole ne se fait guère que de toutes les pertes qu'on prévient.

Enfin , il voue à une quasi-stérilité le terrain qui, cultivé, réunirait à l'avantage de beaucoup produire celui de rendre le climat local salubre , et de susciter , pour l'avenir , de belles races d'animaux.

LA VAINE PATURE.

La vaine pâture est le glanage de l'herbe.

Elle est , pour tous les habitants d'une contrée, le droit de faire pâturer leurs bestiaux sur les terres en jachère pure, sur les prairies naturelles , après la première et la seconde coupe , et sur les terrains en friche des communes.

Autrement définie, elle est , par suite de convention , le

droit de faire consommer sur place toutes les herbes adventices des terrains que tu prépares pour la récolte prochaine.

Elle est la violation de la propriété dont le maître ne veut pas être gêné dans l'arrangement de ses cultures, ou, plutôt, elle est un brigandage autorisé.

Etablie à une époque où les systèmes de culture et la situation économique différaient grandement de ce qu'ils sont aujourd'hui, elle n'a plus de raison d'être.

Elle entretient sur la jachère du voisin un bétail hors de proportion avec les terres gazonnées de son maître.

Elle empêche le troupeau de mourir d'inanition plutôt qu'elle ne le nourrit.

Dans les prés humides, elle nuit à la santé des animaux.

Elle est surtout fatale à celle des moutons, auxquels, en outre, ne conviennent pas les herbes ombragées qu'assez souvent elle offre.

Elle fatigue la dent des animaux âgés.

Elle fatigue non moins les racines des bonnes graminées.

Elle détruit la prairie.

Elle compromet le regain.

Elle empêche l'irrigation et l'assainissement.

Elle procure à la vache deux fois moins de lait que la stabulation.

Elle cause la perte de l'engrais.

Elle le rend mauvais.

Elle démoralise les enfants chargés de la garde du troupeau.

Elle expose les jardins, les vergers et les cultures où ils peuvent pénétrer, à être pillés.

Elle est, pour la France, un énorme obstacle au progrès agricole.

Elle est, pour le pays, une charge plus lourde que, pour l'Angleterre, la taxe des pauvres.

Qu'elle ait bientôt vécu, car la terre où le maître n'a pas les coudées franches est condamnée à ne pas être fertilisée !

Voilà la vaine pâture qui a pour mère la jachère morte.

LE PATURAGE PARTICULIER.

Le pâturage qui a une raison d'être est celui où un particulier trouve un profit réel à nourrir et à engraisser les animaux.

Exemple : les succulents ou gras pacages des montagnes élevées, ou de la Normandie.

Il est celui qui procure au bétail, pendant une heure ou deux d'une belle journée, l'air du dehors dont il a besoin.

Il est celui que constitue, sur les lieux secs, l'herbe aromatique qui, seule, peut y croître.

Il est, surtout, celui qui est salubre.

Enfin, il est celui où le piétinement et la salive des animaux sont le moins nuisibles.

***

La Division de la Propriété.

LES AVANTAGES ET LES INCONVÉNIENTS DE LA DIVISION DE LA PROPRIÉTÉ.

Inhérent à la nature humaine, le sentiment de la propriété est dans les racines du monde.

Il ne peut y avoir trop de maîtres de la terre.

Plus il y en a, mieux s'en trouve la masse de la nation.

La division de la propriété rurale rend la terre accessible à tous.

Elle permet au pauvre honnête de devenir riche.

Au reste, posséder est le désir suprême de l'homme, et la terre est du nombre des biens qu'il doit le plus rechercher.

Celui qui s'élève à la propriété grandit moralement aux yeux des autres.

Il grandit aussi aux siens.

De là, un courage et un contentement de lui-même qui réagissent heureusement en haut, en bas, et tout autour de lui.

Il améliore ce qu'il acquiert.

Ses travaux de transformation du sol sont favorables à sa santé, à son intelligence et à son âme.

Ils le rendent l'homme appelé, par la sagesse antique : *Un esprit sain dans un corps robuste.*

Le désir de jouir du fruit de ses efforts le rend ami de l'ordre public.

En conséquence, laissons un libre cours à la division de la propriété.

Elle réduit de jour en jour, sans qu'on s'en aperçoive assez, l'émigration rurale.

Seulement, ne la confondons pas avec le morcellement sans limites qui ne permet de posséder que des pièces de terre enchevêtrées, et, par cela même, d'un accès et d'une fertilisation très-difficiles.

LA CONSOLIDATION DANS LES CONTRÉES ALLEMANDES.

La consolidation est, dans beaucoup de contrées allemandes, une opération par laquelle les propriétaires d'une commune échangent entre eux les pièces de terres isolées qu'ils possèdent.

Grâce à cet échange, chacun d'eux se constitue un domaine d'un seul tenant.

Dès qu'une commune a recours à la consolidation, ses bienfaits sont bientôt si évidents, que les communes voisines se hâtent de suivre l'exemple.

On cite des villages qui, composés, avant la réunion, de 1,900 parcelles de terres et de 900 parcelles de prés, les unes et les autres enchevêtrées, ont fini par n'en plus compter que 958.

Au seul aspect du pays, on reconnaît les localités où l'opération a eu lieu.

En effet, les propriétés y aboutissent toutes, d'un côté, à un chemin commun d'exploitation.

Puis, grâce aux bordures gazonnées qui les séparent latéralement, elles représentent un immense échiquier à cases, il est vrai, inégales en surface, mais formant toutes un ensemble compacte.

Quel immense service rend à chacun la consolidation, en transformant en ferme d'un seul tenant une multitude de lambeaux éparpillés, enclavés et biscornus!

Que de pertes de temps, d'embarras et de frais elle prévient!

Il n'y a plus à faire aller les instruments au loin, d'un champ sur un autre.

Les cultures cessent d'avoir à être modifiées d'après la forme, l'étendue et la distance des pièces.

Maître chez soi, puis ayant toute l'exploitation sous la main, on dirige et surveille avec facilité tous les travaux.

Faisant mieux et plus vite, on obtient plus de produits.

Il n'y a plus de querelles, avec voisins, à craindre.

Le procès en matière d'empiétement n'a plus de raison d'être.

Enfin, avec huit hectares d'une seule pièce, on est plus riche qu'avec 10 hectares situés en 10 endroits.

Et, c'est un de ces savants qu'en les entendant, ou que même, sans les avoir entendus, tu accables du poids de ton dédain de praticien; c'est un simple professeur, c'est Burger qui a conçu et mené à bien l'idée !

Découvre-toi devant ce bienfaiteur de tes frères d'Allemagne !

Je dis *frères*, car, dans ta noble profession, il n'y a pas de peuples.

Il n'y a que des ouvriers de la terre.

Les Maladies des Plantes en végétation.

LES CAUSES DE MALADIES DES PLANTES.

Connaissant l'affection qui menace ou frappe la plante, préviens, attaque et détruis le mal dans la mesure de tes moyens qui, en dépit de l'apparence, sont très-nombreux, et souvent tout-puissants.

Elle te rendra, en produit, infiniment plus qu'elle ne t'aura coûté en soins de toute espèce.

Les infirmités, les lésions accidentelles et les désordres auxquels les plantes sont sujettes, proviennent d'une multitude de causes dont les principales sont :

En première ligne, ton incurie, au sujet de laquelle je ne puis trop sévèrement t'avertir.

La mauvaise qualité ou le défaut de préparation du grain de semence.

Un ensemencement trop clair ou trop épais.

L'état de la terre ou du ciel au moment de la semaille.

Un mauvais labour.

Le défaut ou l'excès de fumure ou d'amendement.

Un engrais ou un amendement mal appliqué.

Un sol privé des sucs demandés par la plante.

Le défaut de rotation, ou une rotation défectueuse.

Le retour trop fréquent de la plante sur le même sol.

Point de travaux d'assainissement, ni de cultures d'entretien.

Le pincement ou l'épamprement des tiges qui ont besoin de rester intactes.

L'enlèvement des feuilles.

Le contact de plantes nuisibles, ou leur prédominance.

Des eaux nuisibles.

Une exposition défavorable.

Les pluies prolongées, les averses et les inondations.

La grêle, le grésil, le verglas, la glace, la neige et la gelée.

Une sécheresse extrême.

Les vents violents et persistants.

Des brouillards trop chargés de vapeurs méphytiques, comme beaucoup le prétendent.

Un brusque changement dans la température.

Les maladies atmosphériques se déclarent surtout pendant ou après les gelées, le hâle du printemps, les pluies au moment de la floraison, les vents violents, une chaleur excessive, ou un changement dans la température.

En vérité, tout fléau qui s'abat sur tes cultures est un avertissement du Dieu qui ne veut pas voir la terre, notre nourrice, perdue de vue et négligée un seul instant.

Les Ennemis des Plantes en végétation.

LES ENNEMIS DES PLANTES DANS LE RÈGNE VÉGÉTAL.

Les plantes ont, dans le règne végétal, une foule d'ennemis.

Ces ennemis les sucent, les rongent, les écrasent, les étouffent et les infestent.

Ils sont principalement la nielle — la prêle — le mélampyre des moissons — l'ivraie — le chardon — le liseron — le pas-d'âne — la patience — la laiche — le jonc — la mousse — le chiendent — la folle avoine — la sanve — le raifort — l'orobe tubéreux — l'orobanche — la cuscute et l'oseille sauvage.

Pendant le labour, le sarclage et le binage, comme en

visitant tes prés, arrache ces plantes au lieu de les couper, car, je l'ai déjà dit, elles épuisent le sol, en même temps qu'elles gênent les plantes cultivées.

Par ces motifs, n'attends pas que leurs graines aient mûri et se soient répandues sur le sol.

Une des plus dangereuses est la cuscute, qui est filamenteuse.

Elle vit en parasite sur le trèfle, la luzerne et le chanvre, qu'elle fait périr.

Bien employé, le sulfate de fer passe pour l'anéantir.

Pour en débarrasser la luzerne, fauche souvent dans les premiers mois de l'été de la première année.

Ne fume pas les plantes qu'elle attaque d'habitude, avec des fumiers provenant de plantes qu'elle a infestées.

Brûle de la paille sur les places où elle s'est montrée.

De certains engrais minéraux et de certains amendements, tu pourras te faire d'utiles auxiliaires contre les plantes nuisibles.

Parlons maintenant des criptogames ou champignons qui, sous les noms de *rouille*, de *charbon*, de *carie* et d'*ergot*, désolent les céréales.

La rouille se montre, à la partie supérieure des feuilles, sous forme de pustules ovales ayant l'aspect blanchâtre, et répandant, après rupture de l'épiderme, une poussière qui passe du jaune au roux.

Elle se déclare surtout dans les champs ombragés et humides.

Elle se produit également à la suite de pluies et de brouillards suivis d'un soleil ardent.

Un revirement dans la température qui lui est favorable peut seule en arrêter les ravages.

Pour la rouille, chaule ou sale le champ.

Le soufre agit contre elle avec une certaine efficacité.

Les plantes qui en sont saupoudrées ont, d'ailleurs, une végétation plus active que les autres.

Le charbon attaque l'axe de l'épi.

Il attaque en même temps les glumes et la surface des grains.

A la fin de sa vie, il recouvre ceux-ci d'une poussière noire ou d'un brun verdâtre.

Le chaulage et le sulfatage passent généralement pour moins valoir contre lui que contre la carie.

La carie est un parasite logé dans l'intérieur de la graine.

Ce parasite, ou champignon, y forme une poussière grasse et d'un noir brun ou olivâtre.

Ses globules sont opaques, et un peu plus grands que ceux du charbon.

Les épis cariés, quand ils se montrent, sont bleuâtres et étroits.

Ils deviennent ensuite plus larges que les épis sains.

Si elle ne se voyait pas, la carie se trahirait par sa fétidité.

Le froment est la céréale qu'elle attaque le plus volontiers.

Plus il est vieux, plus faiblement et moins abondamment il est atteint.

Mêlé au pain, l'ergot peut te donner la mort.

En conséquence, sépare-le du blé par le vannage et le criblage.

Il attaque particulièrement le seigle cultivé, plusieurs années de suite, sur le même terrain.

C'est une excroissance compacte, cylindrique, ou un peu anguleuse.

Il tire, à l'extérieur, sur le violet.

Il sort d'entre les glumes du grain.

Le champignon dit *risoctone* fait grand tort à la luzerne.

Quand il l'attaque, isole-la par tranchées.

Assurément, je n'en finirais pas si je voulais t'entretenir de tous les ennemis des plantes dans le règne végétal, ennemis sur lesquels la science n'est pas près d'avoir dit son dernier mot d'une manière infaillible.

LES ENNEMIS DES PLANTES DANS LE RÈGNE ANIMAL.

La nielle, qui vient au monde toute petite, est une terrible ennemie des céréales.

On l'a longtemps confondue, à tort, avec la carie.

Elle est due à une anguillule dont les œufs sont déposés dans le grain.

Semé, celui-ci pourrit.

Il s'en échappe une multitude de larves.

Ces larves se mettent à la recherche des plantes du voisinage.

Elles s'introduisent dans les graines des petites feuilles dont se compose primitivement la tige.

Elles montent dans les épillets naissants.

Elles en empêchent le développement.

Elles y déposent un grand nombre d'œufs.

Tu ne détruis ces œufs qu'à l'aide du sulfate de cuivre associé à l'acide sulfurique.

De la mi-juin à la mi-juillet, vers le soir, remarque cette petite mouche.

Elle traverse les airs en compagnie d'une multitude de moucherons.

C'est la cécydomie du froment.

Cette dangereuse ennemie, dit la science, est venue, d'Amérique et d'Angleterre, réduire tes récoltes de 2 à 3 dixièmes.

Mais la Providence a suscité contre elle un parasite qui nous en débarrasse.

En effet, pour pondre ses œufs, il introduit sa tarière entre les balles où sont ceux de la cécydomie.

Les faits et gestes du ver blanc, qui se métamorphose en hanneton, te sont connus.

Tu sais de quels attentats se rendent coupables les vers de terre, les limaces, les hélices, les pucerons, les sauterelles et la cigale.

Tu fais, avec de l'huile, une guerre acharnée à la hideuse courtilière.

Tu écrases la chenille, issue du perfide papillon, qui caresse les fleurs de tes cultures.

Tu détruis la fourmi qui, en entourant de galeries les racines de la plante, empêche celle-ci de pomper les sucs de la terre, et tu fais bien.

Cependant considère que les larves de cet insecte sont un mets bien friand pour la volaille.

Considère que la fourmi rouge ne fait pas de dégâts, et que la fourmi fauve est l'ennemie des chenilles.

Considère, surtout, que de nombreuses petites bêtes, que tu immoles comme nuisibles, ont droit à ta reconnaissance et à ta protection.

En effet, elles divisent et aèrent la terre.

Elles font la guerre à celles de leurs semblables qui ravagent tes récoltes.

Et même, par leur apparition, elles annoncent pluie ou beau temps.

Sais-tu pourquoi les petits amis ou ennemis des plantes s'appellent *insectes* ?

C'est parce qu'ils sont formés de trois sections qui sont la tête, le corselet et l'abdomen.

Comme si Dieu avait voulu humilier notre orgueil en les rapprochant de nous, et en nous obligeant à compter avec eux, ils sont, à l'âme près, ce que nous sommes.

Ils sont fileurs, tisserands, menuisiers, charpentiers, scieurs de long, maçons, architectes, laboureurs, mineurs, bombardiers, nageurs, patineurs, plongeurs, acrobates, etc.

Que dis-je ? Ils ont nos peu nombreuses qualités comme notre multitude de défauts, et, parfois, il leur suffit de se réunir en armée pour nous chasser, nous, leurs monarques, de la terre transformée par nos sueurs.

En tout état de cause, l'insecte est un agent animé de désinfection ; chacun de ses repas empêche la terre de devenir une immense voirie ; la campagne lui doit ses doux chanteurs ailés qui vivent de ses larves ou de lui-même, et, sans lui, nous n'aurions pas la fable de la cigale et de la fourmi.

En ce qui concerne les animaux, tu n'ignores pas ce que te coûte un drainage de souris ou de mulot.

Aussi, me garderai-je de me poser en avocat de cette engeance.

Cependant, dans ta juste colère contre les quadrupèdes et les bipèdes qui désolent tes champs, évite un bien périlleux écueil.

Ne prends pas l'innocent pour le coupable.

Tout au moins, reconnais des circonstances atténuantes.

Et, surtout, dans ton ardent désir de préserver tes chères récoltes, ne ressemble pas à l'ours qu'on vit tuer un ermite endormi qu'il aimait, en frappant d'un énorme caillou une mouche posée sur le bout de son nez.

Le hérisson, par exemple, n'est pas herbivore, et ne fait quartier à nulle vipère.

Faute de volaille, la belette et le putois se régalent de souris.

En attendant que le raisin passe du vert au brun, maître renard en fait autant.

Destructeur de toutes sortes d'êtres nuisibles, le blaireau fait, en somme, plus de bien que de mal.

Les travaux souterrains de la taupe constituent des travaux d'art favorables au sol.

En outre, elle périra demain, dès 8 heures du matin, si

son souper d'aujourd'hui, que le sobre chinois lui envierait, n'est que de 15 vers de terre, de 6 vers blancs et de 3 hannetons.

Les maraîchers des environs de Paris dont, soit dit en passant, plusieurs obtiennent, sur un hectare de terre, un produit brut annuel de 50 mille francs, ont préposé le crapaud débonnaire, qui s'acquitte consciencieusement de ses fonctions, à la garde de leurs laitues.

La grenouille chasse dans l'eau.

Pendant la nuit, la chauve-souris en fait autant dans l'air.

Abaisse ton fusil couché en joue sur ce moineau qui, à la barbe de ton mannequin, picore dans ton blé.

Considérant qu'il est un gros mangeur de hannetons, l'Angleterre a renoncé à mettre sa tête à prix.

Garde-toi d'amener, en hiver, à l'aide de sang répandu sur la neige, monseigneur du corbeau, à se coiffer d'un cornet de papier englué.

Plus tard, tu le verras faire une énorme consommation de vers blancs.

Ne tue pas, pour le clouer en croix contre la porte de ta grange, l'oiseau de Minerve : le hibou.

A Ratapolis, où il est redouté, il passe pour faire l'office de plusieurs chats.

Ne pipe pas cette mésange.

C'est par centaines qu'il faut compter les chenilles que, chaque jour, elle sert à sa jeune famille.

Laisse-là cette nichée de roitelets gros comme des noisettes.

Elle ne s'envolera pas qu'elle n'ait mangé plus de 700 de ces insectes destructeurs.

Enfin, ne cherche pas, pour le détruire, le nid du rossignol qui chante dans le bosquet, près de sa compagne qui couve.

Le tendre oiseau fait mieux que dire son amour en notes admirables ? il nourrit sa famille de larves de fourmis.

Suivant un vieux dicton, toucher à la couvée de l'hirondelle porte malheur à la maison.

Hé bien, détruire chaque année, en France, 80 millions d'échenilleurs ailés qui eussent dévoré au moins autant de milliards d'insectes, est porter grand malheur aux cultures à la garde desquelles, Dieu, sans doute, a destiné la plupart des oiseaux, et, surtout, des oisillons.

Toutefois, l'aide de ces charmants gardes champêtres et des petits quadrupèdes qui te rendent les mêmes services, est loin de suffire contre l'insecte nuisible à tes récoltes.

En conséquence, noie celui-ci par l'irrigation.

Grille-le par l'écobuage.

Trouble-le et étouffe-le par les labours.

Affame-le, en laissant le champ sans végétation pendant au moins un mois.

Coupe-lui les vivres par l'alternance des récoltes.

Couvre, par exemple, le champ, de plantes qu'il n'aime pas.

Attaque-le à une époque telle que le froid ou la gelée puisse le saisir, lui, ses larves et ses œufs.

Enfume-le et écrase-le partout où il se cache.

Enfin, recherche-le jusque dans l'intérieur de ton tas de grain.

Entre nos ennemis, les plus à craindre sont souvent les plus petits.

Les Baux.

LE BAIL EN GÉNÉRAL.

En matière de moyens de fertiliser la terre, il y a plusieurs points dont on peut dire : *tout* ou *presque tou* *est là*.

Exemple : le bail.

En effet, l'avenir de la ferme dépend des clauses du bail.

Le bail est la constatation de la possession ou de l'aliénation temporaire de la terre.

Il y a des baux de plusieurs sortes.

Les grands livres agricoles te diront ceux qui sont les meilleurs.

Quant à moi, je me trouve forcé, par le cadre restreint que je me suis tracé, à me borner à des recommandations sommaires.

En agriculture, on ne fera rien sans le propriétaire.

Le propriétaire, s'il connaissait l'économie agricole, préfèrerait le bon fermier au gros fermage.

Dans le bail qu'il impose, tout serait prévoyance et équité.

8.

Il aiderait le fermier, au lieu de le pressurer.

Il en ferait, au besoin, un associé.

Il lui accorderait un bail dont la longue durée le déciderait à de généreux efforts.

Fermier dont le bail est court se ruine en ruinant la terre.

Il n'a pas recours à la marne, dont l'effet est lent à se produire.

Il se considère, sur le domaine, comme un oiseau de passage.

Par suite, il se hâte d'en tirer ce qu'il peut, sans lui faire d'avances

Dans l'intérêt de ta propriété, choisis le fermage en écus.

Il stimule le fermier.

Il lui permet de varier ou d'accroître les produits.

Même ayant stipulé ce fermage, jette sur la ferme le salutaire coup d'œil du maître.

Ne confie ta terre qu'à qui, se sentant plus fort qu'elle, ne veut pas y laisser subsister la jachère pure.

Malheur à elle, si ton fermier s'inquiète plus du nombre des champs que du volume du tas de fumier !

Malheur aussi, si celui-ci vise à plus de grain et de racines que de fourrages !

N'admets pas, qu'après avoir transformé ton domaine, on puisse se retirer sans recevoir de toi des preuves matérielles de gratitude.

Tu seras un homme injuste si, quand le fermier désire conserver la ferme largement améliorée, tu l'obliges à payer beaucoup plus cher que par le passé.

Que dis-je ! ce sera recourir à une des cent manières qu'il y a de dérober le bien d'autrui.

Tu as également à lui tenir un compte équitable de la moins-value, qui n'est pas de son fait.

Pour que le bail avantageux soit renouvelé, sois bon propriétaire.

Et toi, fermier, fais comme tu voudrais qu'on fît à ton égard, si le terrain t'appartenait.

Ne trompe pas le maître dans le partage de la récolte.

Ne le vole pas, et ne vole pas la terre, en vendant trop de fourrage et même de paille.

En bonne agriculture, il est de droit que, sous forme de

fumier, ces deux utiles choses fassent retour au sol dont elles ont sucé l'essence.

En d'autres termes, on ne tire pas sur ses pigeons.

Tâche de ne pas entrer en ferme en fin d'avril.

En prenant le domaine à bail, et en le quittant, procède à un inventaire.

Ne signe pas le bail sans l'avoir lu et bien compris.

C'est, surtout, en affaires, qu'il est obligatoire de craindre les fripons.

Toutefois un bon bail, des bras et l'instruction théorique et pratique, ne sont pas tout.

Il te faut des avances.

En effet : pauvre agriculteur, pauvre agriculture.

Écoute encore.

Le besoin d'ordre suit de très-près celui d'argent.

Or, tu te ruineras ou tu gagneras peu, si, chaque année, tu ne fais pas un inventaire, et si tu ne tiens pas avec exactitude le livre de ferme qui seul, peut t'éclairer sur tes pertes et tes bénéfices.

Plus j'en dis, plus je vois la routine agricole ressembler à la plante nuisible, qui ne doit son maintien, sur le sol qu'elle infeste, qu'à des racines sans nombre.

***

Les Machines.

***

La mécanique, du côté de laquelle l'émigration rurale force l'agriculture à tourner une grande partie de ses espérances, sera ta bienfaitrice, car, après avoir semé ton grain, récolté ton fourrage et préparé tes produits, elle va se mettre à labourer.

Les machines imaginées par elle t'émancipent au profit de ta dignité, de ton amélioration morale et de ton bien-être physique.

Leur application aux travaux agricoles crée entre la terre et toi une force intermédiaire qui te relève des dures nécessités de ton origine.

Elles apportent une économie notable dans la main-d'œuvre, dans la force physique et dans l'emploi du temps.

Elles donnent moins de déchec dans le rendement, et plus de fini dans le travail.

Elles constituent ainsi un précieux élément de progrès.

Le plus sûr moyen d'entretenir la vie dans les campagnes est de substituer, dans une mesure convenable, l'activité des machines à celle des bras.

C'est, par suite, de mettre à la place de la routine, la science, qui est si digne d'occuper le temps, et d'intéresser l'esprit des hommes d'étude.

L'introduction des machines se produit si lentement, que le déplacement de bras qui s'ensuit n'offre rien d'alarmant.

Tous les agriculteurs y ayant recours, il leur resterait tant d'améliorations à faire, que, supprimée sur un point, la main-d'œuvre pourrait se rejeter sur un autre.

Elles sont, non des concurrentes, mais de bien utiles auxiliaires.

Au reste, en agriculture, les plus fécondes économies à rechercher ne sont-elles pas celles de bras ?

L'Association agricole.

L'association agricole bien organisée produit de merveilleux effets.

Au reste, les plus grands résultats ne proviennent-ils pas d'accouplements d'efforts ?

Chacun gagne plus à l'association qu'à rester isolé, car deux bras ou deux yeux valent mieux qu'un seul.

Dix hommes s'entendant bien font ensemble, avec 10,000 francs, plus qu'isolément avec 15,000 francs.

Exemple : les sociétés fromagères du Jura.

Il n'y a pas jusqu'à l'association à deux seulement, qui ne soit excellente, car elle permet à l'un de compléter l'autre.

Au reste, que d'entreprises comme les dessèchements, les défrichements et les irrigations en grand, aboutissent difficilement sans l'association !

Il y a, dans quelques communes, des prés qui ont deux

propriétaires en jouissant à tour de rôle pendant une année.

Il y a ici, non pas association, mais désastreux système, qui rend toute amélioration impossible.

Puis, ce pauvre pré, on le tond et le retond de si près, qu'il en est écorché.

En effet, l'homme qui n'aurait levé qu'une coupe sur sa prairie, vient promener ici sa faux, faux rapace, qui regrette de ne pouvoir enlever racines et sol.

Le mouton à deux maîtres avides est bien malheureux.

Toujours tondu et jamais nourri, comment résisterait-il?

Les Écoles d'agriculture pratique.

En matière de labour, la théorie, lors même qu'elle ne ferait qu'apprendre au citadin ce qu'a coûté en travaux, en soins et en préparations, le pain qu'il mange, serait une très-bonne chose.

Mais, la pratique éclairée par la théorie, en est une meilleure encore.

L'école de Roville, par exemple, n'a-t-elle pas fait au moins moitié de l'utilité et de la célébrité du vénérable Mathieu de Dombasle?

Combien en sont sortis de disciples qui, par des exemples décisifs, ont transformé l'agriculture de leur commune!

Que chaque département n'a-t-il pareil enseignement!

Il y en a qui ne veulent d'instituts agricoles qu'à la condition qu'on en sorte cultivateur consommé.

Mais ces gens-là oublient que toute école est simplement le lieu où la jeunesse est préparée à faire face, sans trop de difficulté, aux dures nécessités de la vie.

Ils oublient qu'on ne sort de nul établissement d'éducation publique, littérateur, ingénieur, médecin, marin ou général.

Les Sociétés savantes départementales.

En principe, les sociétés savantes départementales sont la lumière supprimant la nuit autour d'elles, à l'aide de subventions avant tout applicables à la prédication et à l'encouragement agricoles.

Elles sont le corps qui, pour mieux aboutir dans sa mission de charité scientifique, s'occupe le moins de lui, et songe le plus aux autres.

Les généreuses aspirations sont les seules qu'elles connaissent, et, sous le nom d'*émulation*, l'esprit de sacrifice est leur devise.

En réalité, elles sont, par malheur, de petits points qui, devant les grandes académies, se prennent au sérieux.

On y traite de tout avec un merveilleux aplomb, mais on n'y traite de presque rien à fond.

Elles sont une assemblée d'honneur où, une fois admis, on ne songe plus qu'à récolter sans rien semer, c'est-à-dire qu'à poser, qu'à tâcher de grimper jusqu'en haut de l'échelle, qu'à passer le temps en spirituelles causeries, ou qu'à suivre, en souriant, dans leurs admirables évolutions, les habiles désireux de bourrer, à l'exclusion de celles des autres, les annales de leurs œuvres.

On y professe un grand respect pour l'agriculture ; on l'appelle la plus noble des professions ; on la proclame nourrice du genre humain ; on exalte les substances minérales et l'ordure avec lesquelles elle rend la terre féconde ; on adjure le laboureur de lui rester fidèle ; pour la faire croire l'objet des préoccupations les plus constantes, on a soin, en séance publique, de décorer des noms de *médailles, primes* et *mentions honorables*, l'os qu'en bonne politique on doit lui donner à ronger ; bref, le feu d'artifice ne laisse rien à désirer ; il travestit les orateurs en gens de cœur et de progrès, et, le tour est fait.

Ici, des membres, cultivateurs ou agronomes, qui ont pris au sérieux leur mission d'émules ou d'apôtres, s'affligent profondément, mais les applaudissements étouffent le bruit de leurs soupirs.

Reconnaissons pourtant qu'à cette triste règle il y a de bien honorables exceptions, en première ligne desquelles je place la société d'Emulation de mon pays: les Vosges.

Les Comices.

Le comice est la société savante agricole de l'arrondissement ou du canton.

Le comice qui, se réunissant une fois par mois, publie un bulletin mensuel ou trimestriel de son cru, est l'école mutuelle du laboureur.

Il fait pour qu'on fasse.

Il glorifie et dirige la vie rurale.

Il annonce la bonne nouvelle.

Il empêche le bon exemple de se perdre.

Il sème l'idée qui doit produire le fait.

Il fait passer dans les communes le mot d'ordre du progrès.

De la torpeur, il fait sortir l'activité.

Il offre à la notice du laboureur illettré la forme qui est le laissez-passer du fond, et dont le manque absolu empêche tant d'idées mères de se produire ou d'aboutir.

Il moralise en instruisant.

En un mot, on peut dire, de sa judicieuse et continuelle action, qu'elle fertilise la terre.

Le comice, dont le bulletin mensuel ou trimestriel se borne à joindre, à chaque compte-rendu des séances, des articles presque tous d'emprunt, suit de loin celui que je propose en exemple.

Le comice qui, se réunissant, ne publie rien, le suit d'encore plus loin.

Le comice qui ne se réunit qu'une fois l'année pour primer des monstres ou des cultures trop souvent visitées, si elles le sont, entre la poire et le fromage, produit un effet qui ne survit pas à la distribution des récompenses.

Comparé aux autres, il est une jonglerie, volontaire ou non, et dissimulée d'une manière, en tout cas, très-plaisante, sous de pompeux discours qui, pour la forme, portent le progrès aux nues sous les fanfares de la première musique venue ; sous des aumônes ou des pourboires à la fidélité des serviteurs ruraux, et, finalement, sous la consécration des quatre cinquièmes d'une cotisation de 5 francs à un banquet où les heureux sont ceux auxquels un zèle fictif a valu l'avantage de boire, à la table d'honneur, mieux que de la piquette.

Quant au comice qui, pourvu d'un bureau pour rire, se manifeste uniquement par l'autocratie de son président, comment le définir en termes sans malice?

Le mieux est de se taire à son égard, car, à le juger, on risquera de faire entendre qu'il escamote subvention et cotisation, et que la grande cause de la fertilisation des terres a un triste avocat.

O France! ô ma patrie! abandonne quelques grains de ton charmant esprit gaulois, en retour d'un peu du bon sens qui a rendu nos voisins les Belges, les Anglais et les Allemands, nos maîtres en agriculture, et qui ferait bien rire ceux-ci, s'ils entendaient le personnage qui, devant moi, espère, en ce moment une importante économie de la réduction du nombre des jours de réunion de son comice.

La petite Presse.

Si j'étais petite presse, je voudrais surtout faire de l'économie rurale, industrielle et commerciale.

Je voudrais, en politique, faire des amis de l'ordre.

En droit, donner d'utiles renseignements.

En religion et en morale, élever haut la vertu.

En littérature, puiser aux sources les plus pures, et être recommandé par les mères à leurs filles.

En pédagogie, faire prévaloir les bonnes méthodes.

En matière scientifique, former des hommes positifs.

En agriculture, donner aux laboureurs d'attrayantes et fécondes leçons.

Enfin, plus et mieux faire, en toutes choses, que la société savante et le comice.

En vérité, la petite presse ne sait pas ce qu'elle pourrait pour la rapide et entière transformation de l'agriculture.

On féconde autant la terre en la faisant aimer qu'en la fumant, en l'assainissant, en la retournant, et en la visitant.

CONCLUSION.

L'agriculture est l'art de cultiver la terre, non-seulement avec le plus de profit possible, mais encore de telle manière qu'elle aille s'améliorant de plus en plus.

Travailler celle-ci avec intelligence est compléter l'œuvre du Créateur.

Cultive peu de champs, mais cultive-les bien.

Le premier franc est le plus difficile à gagner.

Et cependant, plus le sol obtient d'avances, plus il te rend.

Appliquée à ceci, la science sauve.

Appliquée à cela, elle peut te perdre.

En tout état de cause, elle te dit comment vivent, pourquoi dépérissent, et de quelles matières sont formés les végétaux.

Elle te révèle la composition et les besoins de chaque terre.

Elle t'indique où sont les amendements qui te sont nécessaires.

Elle te met à même de conserver à toute substance fertilisante ses principes actifs.

Elle te fournit, quoiqu'on en puisse dire, les instruments qui retournent, divisent, aèrent et nettoient la terre, et les machines qui économisent et émancipent les bras.

Elle te montre dans l'alternance des cultures, un moyen de suppression de la jachère morte, élément tout puissant, mais dispendieux de restauration du sol.

En un mot, elle t'enseigne la pratique raisonnée de ton art.

Aussi, est-ce pour l'avoir mal comprise ou mal appliquée, que tu échoues.

Que dis-je? c'est pour avoir suivi des systèmes éclos dans l'imagination des faux savants.

En effet, il est plus facile de réaliser de brillantes conceptions avec la plume, qu'avec l'observation et la charrue.

La première condition, pour commander à la nature, est de la comprendre.

C'est aussi de la prendre par où elle souffre qu'on la prenne.

Ainsi dire, est te recommander de ne rien faire sans la permission du climat, de la saison, du temps, du sol, et de la plante.

En agriculture, base-toi sur le principe de la rapidité de

développement, et de la multiplication corrélative des produits.

Imite les bonnes pratiques.

Procède par voie d'essai.

Passe prudemment du mal au bon.

Ne vise pas tout d'abord à mieux que ce qu'il y a de mieux.

Ne sors d'un mauvais système de culture, qu'en créant assez de ressources alimentaires pour nourrir plus de bétail que tu n'en as.

Le mal est dans ton ignorance, et, par suite, dans l'insuffisance des éléments et des moyens de fertilisation.

Le bien est dans une pratique intelligente, et surtout dans la production du fourrage, qui est une herbe succulente, se faisant économiquement bétail, fumier, grain et capital.

Fabrique donc la chose la plus facile à créer : le foin ; mais ne l'achète pas.

Pour en avoir, fais des prairies artificielles qui t'offrent plus d'une coupe.

A l'aide d'une fumure, récolte, dans l'année, sur le même terrain, deux ou trois fourrages hâtifs.

C'est le trop de labourage qui te condamne à la jachère morte.

Renonçant à celle-ci, ne tombe pas d'un mal dans un autre, par un développement exagéré des cultures à la main.

Les plantes sarclées, sache-le bien, ne peuvent guère occuper utilement plus du cinquième de l'espace donné aux fourrages verts.

Elles sont généralement très-épuisantes.

Elles exigent une partie de l'engrais qui devrait s'appliquer aux céréales.

Elles multiplient les travaux, dans une énorme proportion.

Quant au fumier, n'oublie rien de ce que j'en ai dit.

Porte-le, à mesure qu'il est fait, sur les terres libres, et, dans l'intérêt du semis projeté, enfouis le trésor.

Chaque hectare de terrain en exige, pour l'année, bon, 5,000 ; médiocre, 10,000 ; et mauvais, 15,000 kilogrammes, au minimum.

Ne fumant que tous les 2, 4 ou 6 ans, double, quadruple ou sextuple la dose.

Draine et irrigue.

Défriche sagement, et défriche, en un an, le rocher qu'on te loue pour trente ans.

Avant d'acheter d'autres terres, rends bonnes celles que tu as.

Voulant battre monnaie, fais du bétail.

Mets ordre et vigilance au nombre des moyens de féconder la terre.

Communique aux voisins ce que tu sais, ou bien mets à profit leurs bonnes idées.

Ne sois du comice que pour te rendre utile ou t'y instruire.

Si tu vaux quelque chose, que tes enfants te vaillent, et, un jour, te surpassent.

Ici, cher laboureur, ne me reproche pas mes nombreuses redites.

De toutes les figures de rhétorique, disait Napoléon Ier, la plus puissante est la répétition.

Qui ne sait pas se répéter ne peut être un bon maître.

Au reste, c'est en l'entretenant sans cesse de son éternité et de sa gloire, qu'on a poussé Rome à la conquête du monde.

DEUXIÈME PARTIE.

———⟨✕⟩———

Les plus simples Eléments de la Langue agricole, à expliquer et à développer par les Instituteurs , dans les Ecoles primaires.

L'AGRICULTURE.

L'agriculture est l'art de cultiver la terre, non-seulement avec profit, mais encore sans l'épuiser.

Par suite, elle est l'art qui procure aux hommes et à leurs aides, les animaux, une nourriture abondante et saine.

L'EXPLOITATION.

L'exploitation est constituée par le terrain à cultiver et par les bâtiments.

L'OUTILLAGE.

L'outillage est la collection des instruments de charriage, de culture, de récolte, de conservation, et de préparation des produits.

LE BÉTAIL.

Le bétail est représenté par les bêtes de labour, c'est-à-dire de travail ; et par les bêtes de lait, de graisse et de laine, c'est-à-dire de rente.

LE PERSONNEL.

Le personnel est formé par le fermier, la ménagère, les enfants en état de travailler, et les serviteurs.

LE CAPITAL.

Le capital est l'argent destiné à solder les dépenses à faire jusqu'à la vente des produits.

L'ATMOSPHÈRE.

L'atmosphère est la couche d'air qui environne le globe terrestre.

Elle est l'air que nous respirons.

Elle est, avec la lumière, indispensable à la vie de l'homme, des animaux et des végétaux.

Elle rend la terre féconde.

Elle prépare, pour la nourriture des plantes, certaines matières renfermées dans le sol.

Trop chaude, trop froide, ou trop agitée par le vent, elle nuit aux plantes.

LES GAZ.

Les gaz sont des fluides qui mettent l'air à même de féconder la terre, et de procurer aux tiges, et surtout aux feuilles des végétaux, la nourriture qui leur est nécessaire.

LE CLIMAT.

Le climat est l'état habituellement chaud ou froid d'un pays, pendant la plus grande partie de l'année.

À chaque plante son climat !

LES SAISONS.

Les saisons sont les quatre parties de l'année appelées *printemps, été, automne* et *hiver*.

A chaque chose et à chaque travail sa saison !

L'EAU.

L'eau est un corps liquide, qui tire son origine de l'atmosphère.

Elle est, comme celle-ci, indispensable à la vie de l'homme, des animaux et des végétaux.

Mauvaise ou trop abondante, elle fait grand tort aux plantes.

On la répand ou on la fait circuler là où elle fait du bien.

Là où elle nuit, on la corrige ou on la supprime.

LES PLANTES.

Les plantes tirent leur nourriture des gaz de l'air, par leurs tiges, et surtout par leurs feuilles.

Elles la tirent aussi de la terre, par leurs racines, surtout quand elles montent en graines.

Elles ont, comme nous, des organes de respiration, de nutrition et de reproduction.

Ces organes sont :

La racine, qui fixe la plante au sol, et qui l'y nourrit de ce qu'elle pompe.

La tige, qui est le support des feuilles, des fleurs et des fruits.

Les feuilles, qui servent à la respiration et à la nourriture.

La fleur, destinée à préparer les graines.

Les étamines, minces filets surmontés d'une poussière appelée *pollen*, et destinée à féconder les graines.

Le pistil, qui occupe le centre de la fleur, et qui reçoit la poussière fécondante.

Toute graine contient un germe qui, mis en terre, devient lui-même une plante.

Les plantes annuelles naissent et meurent dans la même année.

Les plantes bisannuelles ne fructifient et ne meurent que dans la seconde année ; ce qui les fait appeler *vivaces*.

Les plantes sont classées par familles.

Ainsi, on appelle *graminées,* le chiendent, le vulpin et le blé, à fleurs de couleur herbeuse.

Ainsi aussi, on appelle *céréales,* le blé, le seigle, l'orge et l'avoine.

La plante alimentaire, légumineuse, légumineuse farineuse, fourragère, industrielle, médicinale, potagère, racine, ou sarclée, a un nom qui porte sa définition.

Les plantes maraîchères ont été, dans le principe, les plantes potagères cultivées par des jardiniers sur des marais desséchés.

La racine d'une plante est, par exemple :

Celle de la pomme de terre, tubéreuse.

Celle du blé, fibreuse.

Celle du chiendent, traçante.

Celle de la carotte, pivotante.

Celle de l'ognon, bulbeuse.

Dans une plante, la tige creuse et nouée comme celle du blé, s'appelle *chaume.*

La céréale semée, soit seule, soit mélangée de graines dont

elle primera les produits, est une culture ou une récolte principale.

Des carottes semées, par exemple, après une céréale, constituent la culture ou la récolte dérobée.

Le semis de blé et de seigle mélangés s'appelle *méteil*.

LES SUBSTANCES QUI FORMENT LE PLUS GÉNÉRALEMENT LA TERRE ARABLE.

Les substances qui forment le plus généralement la couche de terre arable sont :

L'argile, qui, composée de silice, de rouille, d'eau, et d'une substance appelée *alumine*, forme les terres grasses, compactes, consistantes, fortes ou tenaces.

La silice, qui, représentée par la pierre à fusil pulvérisée, forme les terres légères ou inconsistantes.

Le calcaire, roche composée, en très-grande partie, de chaux, et qui, pulvérisée, forme les terres sèches ou chaudes.

L'oxyde de fer, qui est la rouille qui colore le sol, et qui forme les terres ferrugineuses.

Le sable, qui, composé de grains de silice ou de calcaire, forme les terres sablonneuses.

L'humus, qui est le résultat de la décomposition plus ou moins avancée de matières animales et végétales, et sans lequel le sol est infertile.

LE SOL.

Le sol est, avec l'air, le garde-manger des plantes.

Il est leur point d'attache et leur demeure.

Il est toute la terre à retourner, à diviser, à ameublir, à aérer et à nettoyer par les instruments de labour.

Les sols sont :

Marécageux, s'ils restent dans un état constant d'humidité.

Secs, si la chaleur les pénètre pour y résider.

Arides, s'ils ne produisent rien.

Légers, s'ils ont peu de consistance.

Compactes, s'ils sont gras et serrés.

Froids, s'ils sont humides.

Chauds, s'ils sont secs.

Ferrugineux, s'ils renferment de la rouille ou du fer.

Sableux, siliceux, calcaires, ou argileux, s'ils se composent principalement de sable, de silice, de calcaire, ou d'argile.

Marneux, s'ils se composent, en majeure partie, de l'argile calcaire appelée *marne*.

Sablo-marneux, s'ils ont pour bases le sable et la marne.

Argilo-calcaires, s'ils sont formés d'argile et de calcaire.

Argilo-ferrugineux-calcaires, si les parties qui y abondent le plus sont l'argile, la rouille et le calcaire.

Les terres franches sont de fertiles terres à froment.

Les terres d'alluvion sont le produit du charriage opéré par un cours d'eau.

Les terres graveleuses sont formées de sable et de cailloux.

Les terres granitiques sont composées de silice, de paillettes connues sous le nom de *mica*, et d'une substance fertilisante appelée *feldspath*, alors qu'elle est en roche.

Les terres volcaniques sont constituées par les scories en poudre des volcans.

Les terres crayeuses ont pour base le calcaire appelé *craie*.

Les terres tourbeuses résultent presque entièrement de l'humus végétal appelé *tourbe*.

Les landes sont de vastes espaces où il ne croît que des genêts, des bruyères et une mauvaise herbe.

Les dunes sont des amoncellements mouvants de sables provenant des côtes de l'Océan.

LE SOUS-SOL.

Le sous-sol est le support du sol.

Bon sous-sol que celui qui empêche le sol d'être trop sec ou trop humide.

Le sous-sol renfermant des principes fertilisants, peut être, dans une certaine mesure, mêlé au sol.

Pour devenir fertile, le sous-sol abondamment ramené à la surface du sol, a besoin d'un à trois ans d'exposition à l'air.

LES AMENDEMENTS.

Tant vaut l'homme, tant vaut la terre.

Amende donc, car amender est corriger et stimuler le sol par une opération, ou à l'aide d'une substance fertilisante.

On amende, par exemple, un sol :

Quand on le laboure.

Quand on le défonce.

Quand on le herse ou le roule.

Quand on l'épierre là où les pierres sont nuisibles, au lieu d'utiles.

Quand on y mêle partie d'un bon sous-sol.

Quand on lui adjoint une autre terre.

Quand on en brûle la superficie par une opération appelée *écobuage*.

Quand on l'arrose.

Quand on le dessèche et aère par le drainage, travail destiné à provoquer l'écoulement souterrain de l'eau nuisible.

L'amendement est aussi l'addition à la terre d'une substance minérale qui lui procure une ou plusieurs des substances fertilisantes qui lui manquent.

Dans ce cas, il est constitué, par exemple, par le plâtre.

Il l'est aussi par la chaux et par la marne calcaire, considérées par beaucoup d'agronomes comme engrais minéraux.

Judicieusement appliqués et dosés, le plâtre, la chaux, la marne et plusieurs autres substances minérales sont des trésors de fertilisation.

Ils divisent le sol trop compacte.

Ils affermissent celui qui manque de consistance.

Ils échauffent celui qui est trop froid.

Ils rafraîchissent celui qui est trop chaud.

Ils pourvoient d'humus ou de calcaire la terre qui n'en a pas assez.

Ils donnent de la consistance aux tiges des plantes.

Ils détruisent mauvaise herbe et insectes.

Cependant ils sont nuisibles au sol qui contient abondamment leurs parties constituantes.

Ainsi, charger de chaux une terre éminemment calcaire est lui faire grand mal.

LES ENGRAIS.

Les engrais sont des substances organiques ou inorganiques, qui fournissent à la terre les éléments de nutrition des plantes et de modification de ses principes constitutifs, dont elle a besoin pour devenir féconde.

Les engrais inorganiques sont le sel, la potasse, etc.

Ils sont la chaux, la craie, la marne, etc., que tu te refuserais à considérer comme de simples amendements.

Ils sont, à la rigueur, les cendres et les suies, quoique celles-ci proviennent de la combustion de végétaux.

Les engrais organiques sont formés de matières animales ou végétales plus ou moins décomposées.

Exemples : la chair en décomposition, les déjections animales solides ou liquides, les immondices des villes, les fumiers, les purins, les composts, les végétaux secs, les végétaux verts, et, en un mot, tout ce qui est susceptible de se décomposer d'une manière avantageuse à la terre.

L'engrais organique végétal sec est représenté par les plantes sèches enfouies.

L'engrais organique végétal vert est représenté par les plantes vertes enfouies.

L'engrais organique animal simple est représenté par la chair, le sang ou les os en décomposition.

L'engrais organique animal mixte est représenté par les déjections des animaux et par les fumiers, qui contiennent des matières animales et végétales.

Les engrais végétaux ont plus de fraîcheur, et, par suite, plus de durée que les engrais animaux simples ou mixtes, mais sont moins actifs.

Ils ont l'inconvénient de trop soulever les terres légères.

L'engrais végétal vert est plus actif, mais plus acide que l'engrais végétal sec.

L'engrais liquide a une dénomination qui porte sa définition.

Non étendu d'eau, il brûlerait les plantes.

Il en est de même du purin, qui est le jus de fumier.

Les composts sont un amas de terres, de gazons, de déjections animales, d'ordures, d'amendements, de chairs, de cuirs, de poils, de chiffons de laine, etc.

Les fumiers sont principalement composés de déjections animales et de litière.

Variés dans leur composition, ils sont l'engrais type.

Le fumier de mouton est trois fois plus chaud et plus actif que le fumier de cheval.

Le fumier de cheval, de mulet, de bardeau et d'âne est plus chaud et plus actif que celui de l'espèce bovine.

Le fumier de l'espèce bovine prime celui de l'espèce porcine, qui est le plus frais de tous.

Le fumier de basse-cour l'emporte de beaucoup sur tous les autres.

Plus un fumier est chaud, plus il agit, mais moins il dure.

Applique le fumier chaud à la terre froide.

Applique le fumier froid à la terre chaude.

Semer sans fumure est semer sa ruine.

Ne fume pourtant pas trop.

Soigne ton fumier de telle manière qu'il ne perde, à la cour et au champ, pas plus de ses principes fertilisants que de son volume.

LA PRÉPARATION DES TERRES.

Préparer la terre est la fertiliser.

Comme déjà tu l'as vu, on la prépare de toutes manières, et surtout par le labour.

Le labour, en la divisant, permet à l'air et à l'eau de la pénétrer, pour y exercer une action favorable.

Il la nettoie.

Il lui incorpore l'engrais.

Il facilite l'extension des racines.

Les principaux instruments de labour sont la bêche, la charrue, la herse et le rouleau.

Le labour à la bêche est, surtout dans les terres fortes, le meilleur, mais le plus long et le plus coûteux.

Le labour à la charrue, complété par la herse et le rouleau, est le plus expéditif et le plus économique.

La charrue trace le sillon, et coupe ou arrache la mauvaise herbe.

La herse brise le sillon, unit la terre, et entraîne l'herbe.

Elle répartit et couvre la semence.

Le rouleau brise la motte de terre qui a résisté à la herse.

En même temps, il tasse le sol qui a besoin de consistance et de fraîcheur.

A chaque sol ses instruments de labour et surtout sa charrue !

Laboure profondément les terres grasses, et moins profondément les terres légères.

Sur les terres très-humides ou très-superficielles, laboure, non à plat, mais en billon.

Le billon, je t'en avertis, a un bien grave inconvénient, qui est moins de provoquer la perte de beaucoup de terrain, que d'entraîner l'humus du champ.

Sur la terre forte, le labour vaut mieux relevé que renversé.

Relevé, il permet à la pluie d'agir sur les deux côtés du sillon et de déliter ainsi la terre.

Le labour hâté ne vaut pas le labour lent.

Dans le terrain en pente, laboure de telle manière que la pluie n'entraîne pas les terres.

Plus le climat est chaud, plus les labours d'été peuvent être nuisibles dans les terres sèches et légères.

Négligeant de tracer le sillon d'écoulement, tu exposes tes récoltes à être noyées.

Le nombre des labours dépend de la nature et de l'état de la terre.

Il dépend également de l'espèce de plante à cultiver.

Ne laboure ni dans la boue, ni sur les sols légers trop secs.

Pour une plante à racines traçantes, ne laboure pas profondément.

Ne herse, ni ne roule, sur une terre trempée.

Si, jusqu'ici, tu m'as compris, ton maître te fera connaître l'araire, l'extirpateur, la fouilleuse, ou charrue-taupe, le scarificateur et le rigoleur.

LES SEMAILLES, LES PLANTATIONS ET LE REPIQUAGE.

Hésiode a dit : *Laboure nu, sème nu, et moissonne nu.*

Cela t'indique qu'il t'importe de semer avec activité.

Semer le grain est semer la vie.

Semer est répandre sur une terre bien préparée par le labour, l'amendement et la fumure, les graines destinées à produire des plantes.

Planter est mettre en terre, à la main, une pomme de terre, par exemple, pour qu'elle en produise d'autres.

Repiquer est planter, à l'aide d'un instrument appelé *plantoir*, un végétal transporté d'un terrain sur un autre.

La meilleure semence est la plus belle et la mieux conformée.

Il y a des plantes dont la semence n'est bonne que pour un an.

Généralement les jeunes graines donnent beaucoup de tige et peu de grain.

Les vieilles, sans l'être trop, donnent beaucoup de grain et peu de tige.

Les graines ne germent pas toutes.

Il y en a qui ne germent que la deuxième ou la troisième année.

Avant de semer, on fait tremper certaines semences; celle de maïs, par exemple.

Sème de manière à répartir le mieux possible la graine sur le champ.

Ne sème ni trop clair, ni trop épais, ni trop tôt, ni trop tard , ni sur une terre trempée.

Le semis trop clair donne une récolte peu abondante.

Le semis trop épais fait verser les plantes.

Le semis fait de trop bonne heure est ravagé par la gelée.

Semaille tardive, récolte chétive.

Grain semé dans la boue est grain perdu.

Sur les bonnes terres consistantes, sème clair.

Ce sera faciliter le développement des plantes.

Sur les terres légères, sème plus épais.

Ce sera mettre les plantes à même de conserver leur fraîcheur.

Dans la prairie artificielle, le semis dru produit un fourrage meilleur.

La raison en est qu'il étouffe la mauvaise herbe.

Le sol riche est celui qui demande le moins de semence.

La semaille tardive est celle qui en exige le plus.

Dans le choix de l'époque du semis, vise à ce que la chaleur ne saisisse pas trop les plantes, dans leur jeunesse.

N'enterre ni trop, ni trop peu la semence.

Trop enterrée, elle pourrit.

Trop peu enterrée, elle ne réussit pas, ou est la proie de l'insecte et de l'oiseau.

Enterre-la, par suite, peu superficiellement, là où la plante est exposée au déchaussement.

Assez souvent, et surtout sur les sols sans consistance, fais suivre du roulage le semis ou le hersage.

Le semis à la volée exige du semeur beaucoup d'entente du jet de la semence.

Le semis en lignes est le plus économique et le plus productif.

Il facilite les cultures d'entretien.

En général, repique les plantes par un temps humide.

Espace-les convenablement.

De la beauté des semailles dépend celle des récoltes.

Quels sont donc tous les modes et tous les instruments de semis, et en outre, comment semer chaque plante ?

C'est ce que t'apprendra tout-à-l'heure, ou un peu plus tard, ton maître, à l'aide d'un livre où il sera traité assez à fond de la matière.

LES CULTURES D'ENTRETIEN.

Ce n'est pas tout d'amender, de fumer, de labourer et de semer : il faut faire pour les plantes tout ce qui leur permet de croître, de taller et de fructifier.

En conséquence, épampre la végétation trop luxuriante.

Eclaircis celle qui est par trop touffue.

Quand la jeune plante se déchausse, roule.

Quand elle a besoin de taller, herse.

Quand elle a soif, donne-lui à boire.

Quand elle a faim, répands dessus un engrais liquide ou pulvérulent.

Quand il lui faut de la fraîcheur, bute, et, en d'autres termes, amasse de la terre autour du pied.

Fais de même sur un sol par trop superficiel.

Quand d'autres plantes l'étouffent, sarcle.

Quand la terre forme croûte autour d'elle, bine.

Comme le sarclage, le binage détruit herbes nuisibles et insectes, et ameublit la superficie de la terre.

Le sarclage et le binage, à l'aide d'instruments à main, exigent beaucoup de temps.

Les meilleurs instruments de culture d'entretien, sont la houe à cheval et le butoir.

Ils font merveille dans les cultures en ligne.

LES CULTURES SPÉCIALES.

Nous entendons ici par *cultures spéciales* :

En premier lieu, les céréales proprement dites, c'est-à-dire, le froment, le seigle, l'orge et l'avoine.

En deuxième lieu, le sarrasin et le maïs.

En troisième lieu, les fèves, les haricots et les pois.

En quatrième lieu, la pomme de terre, le topinambour, la betterave, la rave, le navet, la carotte, le panais, le chou, les concombres, etc.

Pour chacune de ces cultures, considère bien des choses, dont les principales sont :

Les labours préparatoires, tels que le labour proprement dit, le hersage et le roulage.

Les labours complémentaires, tels que le hersage et le roulage des jeunes plantes, le sarclage, le binage et le butage.

Le mode de semis, de plantation ou de repiquage.

La nature du sol, de l'amendement et de la fumure.

L'état de la terre.

Le climat, l'exposition, la saison et le temps.

La manière de récolter, de conserver et de préparer les produits.

Et surtout les frais de main-d'œuvre.

Ainsi dire, est t'avertir que, pour t'instruire à fond, à tant d'endroits et à l'égard de plus de vingt plantes, il me faudrait une multitude de détails, que ne comporte pas le cadre de cette petite méthode.

A qui sait attendre, tout vient à point, et le juge le meilleur en la matière sera ton maître.

LES PLANTES FOURRAGÈRES.

Les cultures spéciales exigent beaucoup de main d'œuvre.

Relativement, les cultures fourragères en demandent peu.

Point de bétail, de fumier, de grain et de racines sans prairies.

Un pré rapporte plus qu'un blé.

Ne semer que du grain est être sûr de gagner peu.

C'est le mauvais cultivateur qui achète du foin.

Il te faut au moins moitié de tes terres en prés.

La prairie naturelle est constituée par un engazonnement permanent.

La prairie artificielle est créée par la main de l'homme.

Rarement elle se compose de plus de deux espèces de plantes.

On la rompt, au bout d'un certain nombre d'années.

Le motif en est, qu'elle ne donne plus de produits assez abondants.

Les plantes qui lui servent ordinairement de base, sont :

Le trèfle, le sainfoin, la luzerne proprement dite, la luzerne lupuline et le ray-grass.

La prairie artificielle fournit un fourrage à livrer vert ou sec aux animaux.

Elle permet d'attendre la récolte de foin.

Elle remplit le grenier.

Elle prépare bien la terre pour d'autres récoltes.

Compose le pré naturel de plantes mûrissant ensemble et ne s'étouffant pas.

Pour le rendre durable, multiplie les espèces de semences.

Au besoin, active la végétation par des engrais solides ou liquides ; par la marne ou par la cendre de tourbe.

Assainis.

Peigne avec la herse.

Irrigue, en moment opportun.

La prairie naturelle coûte moins, mais produit beaucoup moins que la prairie artificielle plâtrée ou cendrée.

Il y a une multitude de plantes fourragères que, quand tu auras lu et compris cette méthode, ton maître te fera connaître à fond.

Apprends en même temps qu'un grand nombre de plantes des cultures spéciales peuvent fournir des fourrages verts ou secs.

Enfin ne te lève pas et ne te couche pas sans supplier ton père de faire du fourrage sur la moitié de son domaine.

LES PLANTES INDUSTRIELLES.

La plante industrielle, dont le nom porte la définition, peut enrichir l'agriculteur.

Mais elle demande des soins multipliés et des masses d'engrais.

Cependant, tout petit laboureur que tu sois, ne néglige pas de cultiver la navette, le colza, le chanvre et le lin.

Les principales plantes industrielles sont :

La navette, le colza, la cameline et le pavot, qu'on appelle *plantes oléifères*, parce que leur graine donne de l'huile.

Le chanvre et le lin, qu'on appelle *plantes textiles*, quand leur tige procure de la filasse, et *plantes oléifères*, quand leur graine procure de l'huile.

La cardère ou chardon à foulon.

La betterave à sucre.

La garance, la gaude, le pastel et le safran, qu'on appelle *plantes tinctoriales*, parce qu'on en tire de la couleur.

La moutarde, dont le nom indique la destination.

La chicorée à café.

Le houblon, dont les baies servent à la fabrication de la bière.

Le tabac, dont l'usage et si fatal à la santé et à l'intelligence de l'homme. .

Les plantes industrielles veulent des terres de haute fertilité.

Généralement elles épuisent beaucoup le sol.

Les fanes de plusieurs peuvent servir de nourriture verte ou sèche aux animaux.

Le tourteau de celles dont l'huile est mangeable est aimé du bétail.

Un peu plus tard, ton maître t'indiquera les soins et le mode de culture à appliquer à chaque plante industrielle.

LES MALADIES ET LES ENNEMIS DES PLANTES EN VÉGÉTATION.

Les maladies des plantes sont causées par une foule d'accidents dont les principaux sont :

La gelée, le hâle de printemps, les vents violents, les pluies prolongées, les averses, une chaleur excessive, et un brusque passage d'une température à une autre.

Quelques agronomes les attribuent, mais sans administrer de preuves irrécusables, aux brouillards qui, en tout état da cause, dégagent des principes fertilisants.

Les maladies qui sévissent le plus cruellement sur les céréales, sont la rouille, le charbon, la carie et l'ergot, que ton maître te décrira, pour ensuite te les montrer, dans une des courses agricoles que tu feras sous sa conduite.

Un revirement dans la température peut seul arrêter les ravages de la rouille.

Préviens-la, en chaulant ou en salant le champ.

Le chaulage et le sulfatage peuvent, jusqu'à un certain point, prévenir le charbon.

Contre la carie, emploie les mêmes préservatifs, à l'efficacité complète desquels, toutefois, beaucoup d'agronomes ne croient pas.

A l'aide du sulfate de cuivre, associé à l'acide sulfurique, détruis la nielle qui est produite par une petite anguille, et non, comme on l'a cru longtemps, par un petit champignon.

La verse résulte d'un accident qui couche les plantes par terre.

Les plantes qui y sont le plus sujettes sont les céréales.

Les céréales qui y sont le moins exposées sont celles qui sont le moins serrées, qui sont soutenues par d'autres céréales, qui ont de petits épis, qui sont abritées, et qui croissent sur un sol semé d'un peu de sel.

Enfin, les plantes sont étouffées par des plantes nuisibles, dont les principales sont :

Le chiendent, la folle-avoine, l'ivraie, le chardon, la patience et le pas-d'âne, que tu arracheras, au lieu de les couper.

Les ennemis animés des plantes sont principalement :

Les vers de terre, les vers blancs, les hannetons, les courtilières, les chenilles, les pucerons, les souris, les mulots et les oiseaux granivores.

Certains animaux, tels que la taupe, le corbeau et le moineau, sont à tort réputés tout-à-fait nuisibles, car ils dévorent une quantité prodigieuse d'insectes.

Les petits oiseaux, dont tu détruis les nids, ou que le chasseur met à mort, sont presque tous d'ardents échenilleurs.

Que dis-je? mille espèces d'insectes font une guerre acharnée aux insectes ennemis de tes récoltes.

L'ALTERNANCE DES CULTURES.

Cultiver, à la même place, deux mêmes plantes, l'une après l'autre, est épuiser la terre.

C'est tant la charger, cette pauvre terre, qu'à force d'y pomper par ton ordre les sucs nutritifs qui lui conviennent le mieux, la plante qui y revient sans cesse finit par ne plus rien trouver.

En conséquence, elle se refuse à croître, à la même place.

De là, pour la terre, nécessité de recevoir des végétaux qui, ayant d'autres appétits, donnent aux principes fertilisants épuisés le temps de se refaire.

En conséquence, on lui accorde l'alternance des cultures, qui est, par exemple, le semis d'un blé là où l'on vient de supprimer un trèfle, ou le remplacement d'une plante qui épuise et salit le sol, par une plante qui le féconde et le nettoie.

Pour alterner, il faut assoler.

Or, assoler est répartir, dans une année, les plantes sur plusieurs parties égales ou soles du domaine, abstraction faite du pré naturel.

Il ne suffit pas d'assoler.

Il faut aussi établir la rotation qui indique, pour une période de plusieurs années, la manière dont les plantes doivent se succéder.

Voici un exemple de rotation quadriennale, c'est-à-dire de quatre ans.

ANNÉES ET ASSOLEMENTS.	1re SOLE.	2e SOLE.	3e SOLE.	4e SOLE.
1re année ou 1er assolement.	Cultures sarclées.	Avoine.	Trèfle.	Blé.
2e année ou 2e assolement.	Avoine.	Trèfle.	Blé.	Cultures sarclées.
3e année ou 3e assolement.	Trèfle.	Blé.	Cultures sarclées.	Avoine.
4e année ou 4e assolement.	Blé.	Cultures sarclées.	Avoine.	Trèfle.

Plus une rotation embrasse d'années, plus elle est avantageuse, en ce que chaque plante revient moins souvent à la même place.

La rotation qui admet la jachère morte, c'est-à-dire la jachère non cultivée, ne vaut rien.

Voulant passer de la rotation triennale, c'est-à-dire de trois ans, avec jachère morte, à un meilleur système de culture, on doit bien se garder de couvrir de plantes racines une étendue de plus du cinquième de celle qu'occupent les plantes fourragères.

LES TRAVAUX DE RÉCOLTE.

Le moment de la récolte arrive.

Avant d'agir, prépare-toi à travailler comme deux, et à être partout.

Que les voitures, les attelages, les liens et les instruments se trouvent en bon état !

Interroge le temps, et s'il s'annonce bien, prends aussitôt faucille, sape ou faux, bêche, fourche et houe à main.

Si tes facultés pécuniaires le permettent, réserve le gros de la besogne aux machines dites *faucheuse* et *moissonneuse*.

Réserve-le aussi, pour les cultures en lignes, à la houe à cheval, au butoir et à la charrue sans versoir.

Ces instruments travaillent avec une célérité extrême.

Sciant les céréales avec la faucille, tu mets chaque poignée près de la précédente.

Les bandes ainsi formées s'appellent *javelles*.

Réunissant ensemble assez de javelles pour en faire une

botte, liée avec de la paille de seigle, tu formes ce qu'on appelle une *gerbe.*

Coiffant d'une gerbe renversée l'équivalent de trois ou quatre gerbes, dressé en faisceau sur le terrain, tu formes ce qu'on appelle une *moyette.*

La rangée que tu formes, en fauchant fourrages ou céréales, s'appelle *andain.*

Le meulon est la réunion en tas de plusieurs andains plus ou moins secs.

Les meules sont le gros tas de céréales ou de fourrage que, faute de place au gerbier ou au fenil, tu construis dans le champ, pour les y laisser.

Les silos sont des fosses que tu creuses sur place, pour y loger tes tubercules, tes racines ou tes grains.

La javelle veut être étendue de manière à sécher vite.

Le javelage prolongé avarie le grain mouillé.

Pour prévenir ou atténuer les fâcheux effets de la pluie, mets en moyette les céréales que tu ne peux enlever assez tôt.

Monte tes meules de telle manière que le mauvais temps et la souris ne puissent rien contre elles.

Etablis tes silos sur des terres saines et à l'abri des inondations et des gelées.

Pour prévenir l'égrènement, moissonne les céréales, alors que le grain s'écrase assez facilement entre le pouce et l'index.

Bats, au champ, sur un drap, les récoltes qui s'ègrènent facilement.

En général, fauche le pré naturel quand les plantes qui y dominent commencent à entrer en pleine fleur.

Le faucheur qui coupe bas est celui qui abat le meilleur foin.

A l'aide du râteau, travaille les andains de foin, de telle manière qu'ils sèchent sans griller.

Si, fraîchement coupés, ils sont mouillés, ne les laisse pas épars pour la nuit.

Quand ils sont assez secs, mets-les en petits tas.

En moment opportun, répands ces petits tas, à l'aide du râteau.

Après dessication suffisante, forme de plus gros tas, c'est-à-dire des meulons.

Quand le foin a jeté à peu près tout son feu, hâte-toi de le charger ou de le mettre en meules.

N'oublie jamais que, fanées, certaines plantes de la prairie artificielle, en tête desquelles est le trèfle, perdent facilement leurs feuilles.

Arrache les racines sur une terre suffisamment ressuyée, et par un temps favorable.

L'arrachage a lieu à la main, à la houe, à la fourche, ou à l'aide d'un instrument perfectionné.

Ton maître complétera, en temps utile, toutes ces données qui, pour le moment, te suffisent.

LA CONSERVATION DES PRODUITS.

Conserver est empêcher de se perdre.

Voici plusieurs manières d'atteindre le but.

Bats ton grain de la manière la plus économique.

En conséquence, préfère à l'emploi du fléau, celui de la machine à battre.

Vanne et crible souvent le blé battu.

Au besoin, trie et lave.

Place dans une cave salubre des tubercules et des racines bien nettoyés.

Visite silos et meules, pour t'assurer si les produits y restent sains.

Eloignes-en les animaux nuisibles.

Qu'une extrême propreté règne dans ton grenier à grains!

Ventile-le souvent.

Remues-y à la pelle, de temps en temps, les tas de grain.

Donne à chaque tas, ou plutôt à chaque couche, peu d'épaisseur.

Fais-en sortir, de toutes manières, le charançon, la fausse-teigne et l'alucite.

Tasse bien tes foins dans le fenil.

Sales-y ceux qui sont rentrés humides ou de mauvaise qualité.

Rends favorable au battage le plancher de ta grange.

Fais sécher ou vends au commerce les produits qui menacent de s'avarier.

Plus tard, ton maître développera et complétera, bien utilement pour ton instruction, ce petit nombre de préceptes.

L'HORTICULTURE ET L'ARBORICULTURE.

Il y a plus de cultivateurs des champs, que des jardins et des vergers.

L'horticulture et l'arboriculture sont, en comparaison de l'agriculture proprement dite, de petites pourvoyeuses de denrées alimentaires au double usage de l'homme et des animaux.

L'étude des deux premières peut, sans le moindre inconvénient, suivre celle de la première.

En ayant fini avec celle-ci, tu auras incidemment obtenu de ton maître, dans tes courses hors de l'école, assez de données sur la tenue du potager, sur la greffe et sur la taille, pour pouvoir promptement apprendre autant d'horticulture et d'arboriculture que d'agriculture.

Enfin, le professeur qui trop embrasse ou fait trop embrasser, étreint ou fait étreindre mal.

Bien plus, il se rebute et rebute ses élèves.

Par ces motifs, je m'en tiens, pour le moment, à l'enseignement de l'art dont un jour tu devras vivre.

Au reste, les bons petits livres en la matière sont infiniment moins rares que les bonnes méthodes élémentaires d'agriculture proprement dite.

LES ANIMAUX EN GÉNÉRAL.

Point de bétail : point de gros tas de fumier, ni de belles récoltes.

En faire, est battre monnaie avec sa peau, sa chair, son suif, son lait, sa laine, son poil et son travail.

Qui n'en a pas, n'aura pour se nourrir, se désaltérer et se vêtir, que du pain noir, de l'eau et une blouse.

Pourquoi donc maltraites-tu les animaux qui te sont si utiles ?

Est-ce en les battant que tu conserveras longtemps la poule qui te pond des œufs d'or ?

Qui est dur pour les bêtes est méchant pour les gens.

Les bêtes rétives et vindicatives sont l'ouvrage, non de Dieu, mais des hommes.

Deux bonnes bêtes de travail valent mieux que quatre mauvaises.

Harnache, attèle et conduis bien.

N'impose pas à l'attelage un labeur excessif.

Nourris-le mieux et plus abondamment que s'il ne faisait rien.

Dans tes choix et achats de bestiaux, considère, avant tout, la qualité et l'avenir.

Défais-toi de la bête qui rend peu de services ou promet peu de profits.

Dans l'achat et dans la vente, aie toute ta raison.

Ne te rends pas la vache à lait du maquignon.

Loge bien tes animaux.

Tu n'en perds tant que parce que leur demeure est étroite, basse, sale, obscure ou malsaine.

Dans leurs maladies, n'appelle pas à leur secours le sorcier, qui est un sot ou un fripon.

N'emploie pas même l'empyrique, charlatan trop habile à faire de l'indisposition la maladie, et de celle-ci la mort.

Chez les bêtes, la malpropreté du poil et de la peau engendre la vermine qui les fait dépérir.

En conséquence, panse-les toutes.

Sous le pansage, le poil devient luisant, le corps se développe, et la graisse se forme.

Isole, par crainte de la contagion, celles qui sont malades. Désinfecte leur demeure.

Rends presque permanent leur séjour à l'étable.

Ce sera les empêcher d'aller dehors se vider ou se blesser dans des luttes ou dans des courses.

Ce sera surtout les empêcher de piétiner le pré, d'y prendre une maigre nourriture, et d'y manger avec excès l'herbe qui météorise.

Donne-leur la nourriture saine et variée la plus capable de leur plaire et de les développer.

Fais-les passer graduellement d'une nourriture à une autre, comme du repos au travail.

Nourris mieux que toute autre, mais sans la rendre trop grasse, la bête qui porte ou qui allaite.

Veille sans cesse sur celle qui met bas ou qui naît.

Ne choisis, pour l'engrais, que celle qui paraît pouvoir prendre la graisse de bonne heure et promptement.

Que les mâles et les femelles destinés à la reproduction, portent la plupart des signes qui promettent de beaux et bons produits !

Qu'ils ne soient ni trop jeunes, ni trop vieux, et n'aient pas de vices de caractère susceptibles de se transmettre.

Ne les emploie pas trop fréquemment.

L'entretien, l'engrais et l'élève des animaux constituent une science bien importante que, plus tard, ton maître t'enseignera.

LES ANIMAUX EN PARTICULIER.

Les animaux de ferme sont :

Le cheval étalon, le cheval hongre, la jument et le poulain.

Le mulet, qui a pour père le baudet, et pour mère la jument.

Le bardeau, qui a pour père le cheval étalon, et pour mère l'ânesse.

Le baudet, l'âne, l'ânesse et l'ânon.

Le taureau, le bœuf, la vache, la génisse et le veau.

Le bélier, le mouton, la brebis et l'agneau.

Le bouc, la chèvre et le chevreau.

Le verrat, le cochon ou porc, la truie et le porcelet.

Le cheval est une généreuse bête de labour, de trait, de carrosse et de selle.

Comme d'ailleurs toute bête, il se pétrit au gré de l'éleveur.

L'employer au travail de trop bonne heure, ou l'accabler de fatigue est le perdre.

Le mulet et le bardeau sont de solides et sobres bêtes de somme et de trait.

Ils sont d'ordinaire têtus.

Vindicatifs, ils donnent de cruelles leçons aux bourreaux de l'espèce animale.

L'âne a souvent le caractère têtu du mulet et du bardeau ; et la raison en est un peu qu'on le maltraite trop.

Il est la robuste, sobre et patiente bête de somme, de trait et de selle du pauvre.

Dans notre ingratitude, nous ne le pansons pas.

L'ânesse offre aux poitrines malades un lait qui les sauve.

Le bœuf est une excellente bête de travail et de boucherie.

La vache est une précieuse bête de travail, de lait et de boucherie.

Trop la faire travailler est lui ôter son lait.

A de nombreux signes, on reconnaît si elle est bonne laitière ou bonne beurrière.

Sans une bonne nourriture, ces signes tiennent peu leurs belles promesses.

Le mouton enrichit son maître par sa chair, par sa laine, par sa peau, et même par son lait.

Il est très-délicat, et, par exemple, le pâturage dans les lieux insalubres le rend malade ou le fait périr.

La chèvre est la vache du pauvre.

Elle offre aux poitrines délicates un lait qui leur est très-salutaire.

Sa peau, celle du chevreau, et même celle du bouc sont employées à de nombreux usages.

Le porc a une chair, une graisse et un lard, qui peuvent former la base de ta nourriture ou se vendre avec profit.

Il coûte peu à nourrir.

Son robuste estomac digère toute nourriture.

Si tu ne l'abreuves pas largement, tu le perdras.

T'ayant appris bien peu de ce qu'il faut savoir de chaque animal en particulier, je laisse à ton maître, pour le cas où tu ne quitterais pas trop tôt l'école, le soin de compléter ton instruction.

LES INDISPOSITIONS, LES MALADIES ET LES BLESSURES DES ANIMAUX.

La santé et la sécurité des animaux sont dans des soins et dans des précautions extrêmes.

Quand par, ou sans la faute du maître, les bêtes souffrent, il importe à celui-ci de recourir au vétérinaire.

Celui-ci étant trop loin ou coûtant trop cher, il peut, dans des cas où il n'y a besoin que d'intelligence ou d'adresse, médicamenter et opérer, à l'aide des remèdes et instruments dont se compose la petite pharmacie que, dans sa prévoyance, il a formée.

Les principaux de ces cas, qui te seront d'ailleurs indiqués par ton maître, sont ceux de mauvais poil, d'apauvrissement du sang, de mal de bois, de constipation, de diarrhée, de coliques, d'attaques de la vermine ou des vers, de gale, de dégoût, de météorisation, de dureté du pis de la vache, de tarissement ou d'altération du lait, de pourriture, de clavelée, de maladie du sang, de piétin, d'écorchures, de plaies, et de piqûres de l'œstre.

LA LAITERIE ET LA FROMAGERIE.

Tu ne sais pas tout ce qu'avec de l'intelligence et des précautions, la laiterie et la fromagerie peuvent rapporter.

Avant tout, on donne à la laiterie et à la fromagerie, une bonne exposition et une température convenable.

On veille à ce que les mains qui traient la vache, soient convenablement lavées.

On se sert de vases bien rincés.

On ne prend pas trop profonds ceux où doit se former la crème.

On garantit les produits contre toute mauvaise odeur.

On les visite souvent.

A force de soins, on en augmente la qualité.

A propos de soins, je te dis, en passant, que le commencement de la sagesse et de la fortune agricoles est dans l'amour et le bon usage du peu qu'on a.

Je ne puis t'apprendre ici que la dixième partie de ce que ton maître devra te dire de la laiterie et de la fromagerie, pour t'en donner l'idée que tu dois en avoir.

LES OISEAUX DE BASSE-COUR.

Les oiseaux de basse-cour ne te rapporteront beaucoup, que si tu ne laisses se perdre aucun des déchets de ferme destinés à les nourrir.

Ils sont, principalement : le coq, le chapon, la poularde, la poule, le poulet et le poussin.

Le dindon mâle, la dinde et le dindonneau.

L'oie mâle ou jars, l'oie femelle et l'oison.

Le canard, la cane et le caneton.

Le pigeon.

Le coq conduit et protége les poules.

La poule, la poularde, le chapon et le poulet sont engraissés pour être vendus.

La poule peut pondre, jusqu'à au moins quatre ans, des œufs qui sont d'une grande ressource alimentaire.

Tu ne saurais trop dire à ton père ou à ta mère, qu'en somme, les meilleures poules de France priment les poules étrangères les plus belles et les plus grosses.

Les poussins, dans les premiers moments de leur naissance, demandent beaucoup de soins.

Rôti, et surtout truffé, le dindon mâle ou femelle coûte cher, mais est bien agréable au gastronome.

Le jeune dindonneau exige encore plus de soins que le poussin.

Meilleur père que le coq, le jars aide l'oie à conduire sa jeune famille.

Comme l'oie, il t'enrichit par sa chair, son foie, sa graisse et sa plume.

L'oison, né depuis trois ou quatre jours, craint l'ardeur du soleil.

Mâle ou femelle, le canard fournit une chair, un foie et une plume estimés.

De tous les jeunes oiseaux de basse-cour, le caneton est le moins délicat.

Le pigeon a une bonne chair.

La volaille qui couve a besoin de beaucoup de soins, de silence et de tranquillité.

Le silence et la tranquillité sont également nécessaires à l'oie, au canard, à la poule, à la poularde et au chapon, à l'engrais que favorise une certaine obscurité.

Tout oiseau de basse-cour éprouve continuellement le besoin de boire.

La volaille dépérit dans le pigeonnier ou le poulailler trop froid ou trop peu souvent nettoyé.

Ici, pour compléter ton instruction, ton maître aura presque autant à t'en dire de chaque oiseau que de chaque animal.

LES INDISPOSITIONS ET LES MALADIES DE LA VOLAILLE.

La volaille qui se pavane et caquette sous tes yeux est si belle, que, ne sachant pas combien la malpropreté lui est funeste, tu ne la crois sujette à nulle maladie ou douleur.

Détrompe-toi.

Elle est souvent atteinte de mue, de pépie, de diarrhée, de constipation, de l'affection appelée *rouge*, de vertige, de tumeur, de goutte, de gale et de vermine.

En outre, elle est cruellement tourmentée par les insectes qui se sont introduits dans ses naseaux et ses oreilles.

En temps utile, ton maître t'édifiera sur toutes les espèces de maladies et d'accidents qui peuvent venir l'affliger.

CONCLUSION.

Dirigé jusqu'ici par un maître qui, dans son enseignement à l'école, dans les champs et dans les fermes, a eu le rare bon sens de ne pas s'adresser à la mémoire, image du tonneau des Danaïdes, enfant, réjouis-toi.

Ne pouvant oublier les préceptes précédents, parce que, grâce aux explications et aux applications qui te les ont fait comprendre, tu les·as, à ton tour, expliqués et appliqués, tu es digne d'écouter, et capable de suivre les conseils ci-après :

Avant tout, ne vois le bonheur que dans la sagesse et l'étude.

La sagesse est la vertu, et l'étude est le travail intelligent.

Seconde, dans la mesure de tes forces, le père et la mère qui, dans ton intérêt, arrosent la terre de leurs sueurs.

Demande-leur la raison de chaque opération.

Sache le nom de chacune des parties dont se composent leurs instruments.

Sous le rapport du sol, de l'amendement, de la fumure, des cultures, de l'outillage, de l'étable, du bétail, de la grange, du grenier, de la cave, etc., compare ce qui se passe chez toi avec ce qui se passe chez les autres.

Fais part de tes remarques à tes parents.

Vois greffer et tailler, et ayant vu, tâche de faire.

Emploie ton peu d'argent à des achats de livres agricoles, que tu liras à la veillée.

Communique à ton frère et à ta sœur, sans en être orgueilleux, ce que l'étude t'aura appris.

Plaide la cause des animaux que tu vois maltraiter.

Plaide celle de la terre qu'on ne couvre pas assez d'herbe, ou à laquelle on fait, deux fois de suite, porter du blé.

Va, répétant sans cesse à tout venant : que l'eau fait l'herbe, et que dans celle-ci sont contenus en germe, les bêtes, le lait, la laine, les attelages, le fumier, le grain, les racines et, en un mot, tout bénéfice.

Si tu suis ces conseils, les champs qui t'ont vu naître te seront toujours chers ; devenu homme, tu les transformeras, et ta part sera large dans ce fait important que l'enfance, initiée aux pratiques rurales les meilleures, aura été la bienfaitrice de l'âge mûr, en lui montrant la voie hors de laquelle il n'y a pas de salut agricole.

C'est merveilleux, mais c'est possible ; c'est même facile, et il ne faut que de bons yeux pour voir qu'à cet endroit, vouloir est pouvoir aussitôt.

Le plus petit moteur imprime à une machine une force prodigieuse, et, je le dis, l'avenir de l'agriculture n'est pas ailleurs que dans l'école.

10.

Laissez les petits enfants venir à moi, disait Jésus, dont la parole indique que, pour changer les hommes, il faut d'abord agir sur l'enfance, et dont la loi d'amour me rappelle que je dois aussi aux petits enfants un cours d'agriculture facilement compréhensible.

TROISIÈME PARTIE.

RÉCAPITULATION DE LA DEUXIÈME PARTIE,

ou

COURS D'AGRICULTURE

A L'USAGE DES PETITS ENFANTS.

AU PETIT ENFANT.

Comme l'enfant plus grand que toi, viens à moi sans crainte, petit enfant.

Ce n'est pas par cœur que tu étudieras sous moi l'agriculture, cette bonne nourrice du genre humain.

Je veux te faire aimer la terre, car elle fait aimer Dieu.

C'est en t'amusant, que je te montrerai un peu de labour.

Je te lirai chaque précepte.

Je te l'expliquerai mot par mot, car ce 'qui n'est ni expliqué, ni compris ne profite pas, lors même qu'on le sait par cœur.

Quand tu l'auras compris, tu le liras.

Quand tu l'auras lu, tu me l'expliqueras.

L'agriculture, comme tu le vois, n'est pas la mer à boire.

Au reste, si tu profites bien, je te mènerai à la campagne.

Là, quel bonheur !

En effet, c'est une heureuse idée que celle de faire la connaissance des plantes dont le laboureur couvre les champs.

On ne peut se lasser de les examiner.

Les tissus qui les composent sont si fins !

Leur verdure est si tendre et si belle !

Leurs fleurs sont de couleurs si variées, si douces ou si éclatantes !

Elles exhalent un parfum si suave !

Leurs graines fournissent une nourriture si délicate, si délicieuse ou si substantielle !

En vérité, elles sont l'ouvrage de Dieu.

Tout autant que les mondes, elles célèbrent sa gloire.

Si le temps n'est pas beau, nous entrerons dans une ferme.

Là, tu sauras avec étonnement, que le fumier qu'auparavant tu méprisais est un trésor.

Devant de grandes jattes de lait, tu comprendras que la vache soit chère au laboureur.

La toison du mouton t'indiquera d'où vient le drap.

Nous verrons, au poulailler, ce qu'il faut aux oiseaux dont la chair est si bonne, et la plume si utile, pour jouir du bien-être qui leur revient à tant de titres.

Nous examinerons, pièce par pièce, les instruments qui rendent le sol moins dur, qui l'unissent, qui peignent les récoltes, qui battent le grain, qui arrachent les racines, qui coupent l'herbe, et qui scient les moissons.

Enfin, nous étudierons, au grenier, la manière de pourvoir d'un peu d'air et de débarrasser des insectes qui les dévorent, les tas de blé qui, réduits en farine et mis en pâte à cuire au four, deviennent notre pain quotidien.

Que de choses nous apprendrons avec attrait, en quelques heures qui nous sembleront des minutes !

Combien tu seras fier du gros bagage de connaissances que tu rapporteras à la maison !

Et ton père et ta mère, seront-ils heureux !

Car, vois-tu, mon enfant, rester de sa faute sans instruction, est être sûr de peu valoir quand on est grand.

L'AGRICULTURE.

L'agriculture est l'art de bien cultiver la terre avec profit.

L'EXPLOITATION.

L'exploitation se compose du terrain à cultiver et des bâtiments.

L'OUTILLAGE.

L'outillage est la collection de tous les instruments dont on a besoin dans l'exploitation.

LE BÉTAIL.

Le bétail est représenté par les bêtes de trait, de lait, de graisse et de laine.

LE PERSONNEL.

Le personnel est formé de tous les travailleurs de l'exploitation.

LE CAPITAL.

Le capital est l'argent destiné à solder les dépenses à faire jusqu'à la vente des produits.

L'ATMOSPHÈRE.

L'atmosphère est l'air sans lequel les êtres et les végétaux ne pourraient vivre.

LES GAZ.

Les gaz sont des fluides de l'air qui fécondent la terre et qui nourrissent les plantes par leur partie extérieure.

LE CLIMAT.

Le climat est l'état habituellement chaud ou froid d'un pays.

LES SAISONS.

Les saisons sont les quatre parties de l'année appelées *printemps, été, automne* et *hiver*.

L'EAU.

L'eau est un corps liquide qui tire son origine de l'atmosphère.

Elle est tantôt favorable, et tantôt nuisible à la végétation.

LES PLANTES.

Les plantes tirent par leurs tiges, et surtout par leurs feuilles, leur nourriture des gaz de l'atmosphère.

Elles la tirent aussi de la terre par leurs racines.

LES SUBSTANCES QUI FORMENT LE PLUS GÉNÉRALEMENT LA TERRE ARABLE.

Voici les substances qui forment le plus généralement la couche de terre arable :

Les terres charriées par les eaux , des débris pulvérisés de roches, des dépôts d'anciennes mers, et le résultat de la décomposition de plantes ou d'animaux.

LE SOL.

Le sol est la couche de terre labourable.

C'est l'espèce de terre qui fait le bon ou le mauvais sol.

LE SOUS-SOL.

Le sous-sol est le support du sol.

Il est, selon sa composition , bon ou mauvais pour le sol.

LES AMENDEMENTS.

Les amendements sont des opérations ou des matières qui corrigent ou stimulent le sol.

On amende un sol , en lui ôtant son trop d'humidité, de sécheresse , ou de consistance.

On l'amende aussi , en lui incorporant, à l'aide de plâtre ou de sable , par exemple , les matières qui lui manquent.

LES ENGRAIS.

Les engrais sont des ordures en décomposition , telles que le fumier, ou des matières telles que la cendre.

Ils ont pour effet de féconder la terre.

Sans engrais, point de belles récoltes.

LA PRÉPARATION DES TERRES.

Préparer une terre est la rendre favorable à la germination , à la croissance et à la fructification des plantes.

On prépare une terre , en la labourant, en l'assainissant, en l'amendant, en la fumant , et en la nettoyant.

LES SEMAILLES.

Semer est répandre, puis enfouir une graine, pour qu'il en sorte une plante qui en produira beaucoup d'autres.

Il y a plusieurs manières de semer, et la meilleure est celle qui procure les plus belles récoltes.

LES PLANTATIONS.

Quand il ne s'agit pas d'arbres, planter est mettre en terre, à la main, une pomme de terre, par exemple, pour qu'elle en produise beaucoup d'autres.

LE REPIQUAGE.

Repiquer une plante est la transporter d'un terrain sur un autre.

C'est, en même temps, en mettre la racine en terre, à l'aide d'un instrument appelé *plantoir*.

LES CULTURES D'ENTRETIEN.

Entretenir les plantes cultivées, est en favoriser la croissance, en égratignant la superficie du sol avec la houe, la binette ou la herse.

C'est tasser avec le rouleau la terre où elle végète.

C'est entourer de terre le collet du végétal.

C'est sarcler ou éclaircir.

C'est, enfin, arroser le sol trop sec, ou en supprimer l'eau nuisible.

LES CULTURES SPÉCIALES.

Les cultures spéciales sont celles qui ne sont ni fourragères, ni industrielles.

Elles comprennent principalement :

Le froment, le seigle, l'orge, l'avoine, le sarrasin et le maïs.

La pomme de terre, le topinambour, la betterave, la rave, le navet, le panais, la carotte et le chou.

A chaque plante son climat, son sol, son exposition, sa fumure, son amendement et sa culture d'entretien !

LES PLANTES FOURRAGÈRES.

Les plantes fourragères sont celles qui, vertes ou sèches, servent de nourriture aux animaux.

Sans plantes fourragères, point de bétail, et presque point de grain.

LE PRÉ NATUREL.

Le pré naturel est le terrain qui produit le foin, à l'aide ou non de l'arrosage.

LE PRÉ ARTIFICIEL.

Le pré artificiel est le terrain couvert, pour plusieurs années, de trèfle, de sainfoin ou de luzerne.

LE PRÉ IRRIGUÉ.

Le pré irrigué est celui sur lequel on fait, de temps en temps, pénétrer une bonne eau.

LES PLANTES INDUSTRIELLES.

Les plantes industrielles sont celles qui, comme le colza, la navette, le chanvre et le lin, fournissent à l'industrie, ses matières premières.

LES MALADIES DES PLANTES.

Les maladies des plantes sont causées par un temps défavorable, par les matières qui manquent ou abondent trop dans la terre, ou par l'incurie du laboureur.

LES ENNEMIS DES PLANTES.

Les ennemis des plantes sont des végétaux qui vivent à leurs dépens ou qui les étouffent.

Ils sont aussi des insectes et des animaux qui coupent, rongent ou dévorent leurs racines, leurs tiges, leurs fleurs, leurs graines ou leurs fruits.

L'ALTERNANCE DES CULTURES.

Alterner les cultures est remplacer les plantes qui ont épuisé ou sali la terre, par des plantes qui feront le contraire.

LES TRAVAUX DE RÉCOLTE.

Récolter est moissonner les grains.
C'est faucher et faner les plantes fourragères.
C'est arracher ou couper les autres plantes.

LA CONSERVATION DES PRODUITS.

Conserver les produits est bien les loger et les ranger.

C'est les nettoyer, les aérer et les garantir contre tout accident.

LES ANIMAUX EN GÉNÉRAL.

Les animaux, je l'ai déjà dit, fournissent travail, viande, suif et laine, et, en un mot, le bénéfice le plus net du laboureur.

En conséquence, les bêtes doivent être parfaitement traitées, pansées, logées, nourries et surveillées.

LES ANIMAUX EN PARTICULIER.

Les animaux sont principalement :

Le cheval, bête de trait et de selle.

Le bœuf, bête de labour et de boucherie.

La vache, bête de labour, de boucherie et de lait.

Le mouton, bête de laine, de boucherie, et quelquefois de lait.

Le porc, bête de boucherie.

LES INDISPOSITIONS ET LES MALADIES DES ANIMAUX.

Les animaux sont, comme nous, exposés aux indispositions, maladies et blessures.

Leur meilleur médecin et chirurgien est le vétérinaire.

S'il n'est pas là ou coûte trop cher, on leur administre les soins qu'il est possible de leur donner, sans risquer d'aggraver leur état.

LA LAITERIE.

La laiterie est le lieu salubre et propre où l'on met le lait.

LA FROMAGERIE.

La fromagerie est le lieu salubre et propre de fabrication des fromages.

LES OISEAUX DE BASSE-COUR.

Les oiseaux de basse-cour sont principalement :

La poule, dont les œufs sont si bons.

Le dindon, qui a une chair aimée du gastronome.

11

L'oie, qui joint à une bonne chair et à une bonne plume, un foie et une graisse très-estimés.

Le canard, qui se recommande par sa chair, son foie et sa plume.

Le pigeon, qui a une bonne chair.

LES INDISPOSITIONS ET LES MALADIES DE LA VOLAILLE.

La volaille est, comme les animaux, exposée à de nombreuses indispositions et maladies.

Avec un peu d'intelligence et d'adresse, le laboureur peut être son médecin.

La volaille bien abreuvée, bien logée et sagement nourrie, est rarement malade.

CONCLUSION.

Mon cher petit ami, comprends d'abord cette toute petite méthode.

Comprends ensuite celle que, plus haut, je destine aux enfants plus grands que toi.

Les comprenant toutes les deux, étudie celles que j'ai imaginées pour mettre ton maître à même de les développer.

Celles-ci apprises, lis, avec certitude de ne pas être embarrassé, le premier livre d'agriculture venu.

Ayant lu beaucoup de livres, tu te sentiras préparé, non-seulement à bien faire, mais encore à être de bon conseil, et si tes camarades ne font pas autrement, le progrès se fera vite dans la commune.

Cependant, puisse cette espérance ne pas se résoudre en illusion, en des temps si peu favorables aux apôtres obscurs !

En effet, dans nos pays civilisés, la vérité qui sort d'une bouche peu connue, éprouve, à se frayer un passage, plus de peine encore qu'un européen transporté dans les forêts vierges de l'Amérique.

FIN DE LA PREMIÈRE PRÉDICATION.

Typ. et Stér. Humbert. — Mirecourt.

TABLE DES MATIÈRES.

PRÉDICATIONS AGRICOLES.

PREMIÈRE PARTIE.

DEUXIÈME PARTIE.

TROISIÈME PARTIE.

FIN DE LA TABLE.